中国当代家庭
教育经典系列

U0870715

告诉世界，花开半夏年少时 我能行

卢勤 / 著

SPM
南方出版传媒
广东经济出版社
·广州·

图书在版编目（CIP）数据

告诉世界，我能行 / 卢勤著. —广州:广东经济出版社，2017.8

ISBN 978-7-5454-5485-7

Ⅰ.①告… Ⅱ.①卢… Ⅲ.①自信心—少儿读物 Ⅳ.①B848.4-49

中国版本图书馆CIP数据核字（2017）第137761号

出 版 人：姚丹林

责任编辑：甘雪峰 易 伦

责任技编：许伟斌

装帧设计：李 尘

告诉世界，我能行

GAOSU SHIJIE WONENGXING

出版发行	广东经济出版社（广州市环市东路水荫路11号11~12楼）
经销	全国新华书店
印刷	北京联兴盛业印刷股份有限公司（北京市大兴区春林大街16号1幢等2幢）
开本	710毫米×1000毫米 1/16
印张	16.5
字数	245 000
版次	2017年8月第1版
印次	2018年8月第2次
书号	ISBN 978-7-5454-5485-7
定价	48.00元

如发现印装质量问题，影响阅读，请与承印厂联系调换。

广东经济出版社常年法律顾问：何剑桥律师

引领成长的“知心宝典”

海飞

卢勤似乎天生就是为了孩子们的，孩子们也离不开“知心姐姐”。因为工作关系，我们的办公室与卢勤的办公室只有一墙之隔，与卢勤抬头不见低头见。卢勤全身心地投入到为了孩子的事业，想的是为了孩子，说的是为了孩子，做的是为了孩子。

记得有一年新年后的第一天上班，卢勤办公室的门还未开，一个来自东北的小伙子就带着一双哭得红肿的眼睛把卢勤拦住了，并扬言与自己的父母“势不两立”，要杀父母！本来以为这么棘手的“案例”，卢勤会很难处理，想不到卢勤一席长谈，一个建议，就使这位千里迢迢来寻“知心姐姐”的小伙子满怀希望回了东北，并很快从东北传来了“和谐”的喜讯。这就是卢勤的魅力，这就是“知心姐姐”的魅力！卢勤在上级有关部门和社会各界的大力支持下，硬是把《中国少年报》的一个“知心姐姐”品牌栏目，发展成为《知心姐姐》杂志，“知心姐姐热线”、“知心家庭学校”、“知心论坛”、“知心家庭·谁在说”电视栏目、“网上知心家庭”等十多个知心品牌，一边工作，一边讲座，一边写作，炽热而忘我地为解除千家万户的两代人之间的矛盾工作，为千百万未成年人的健康成长工作。“予人玫瑰，手留余香。”构建和谐家庭、和谐社会的需要，培养健康向上的新一代的需要，使“知心姐姐”更红火了，使卢勤更红火了！

本书开列了未成年人成长中面对的50个问题，用“太好了”“我能行”“我帮你”“你真棒”“我要学”“我思考”6句最简单明了的短语作为6章的题目，运用当代未成年人生活中大量鲜活生动的例子，与未成年人平等地面对面、心贴心地进行“知心对话”。本书充满关爱、充满激情、充满智慧、充满哲理。成长面对的50个问题，是卢勤从长期从事“知心姐姐”工作中面对未成年人成长中的千千万万个问题中梳理出来的，卢勤的“解惑”，也是从“知心姐姐”工作的长期实践中提炼出来的，全书充分体现了“从未成年人中来，到未成年人中去”，具有了真正的时代性和实用性。

俗话说：“有苗不愁长。”当今社会经济全球化，高科技迅猛发展等外部因素，一方面为未成年人成长创造了有利条件，另一方面太多的诱惑也为未成年人成长带来不良环境。有“苗”怎么长？这是一个令全社会关注的重大课题。本书的出版，为广大未成年人提供了一本可翻可看，可查可依的引领成长的“知心宝典”。愿我国3亿多未成年人，在自己的成长路上，能面向世界，自豪地高声地喊出：“我能行！”

目录

contents

chapter 1

太好了
改变心情就改变了世界

chapter 2

我能行

改变态度就改变了命运

chapter 3

我帮你
改变情感就改变了生活

chapter 4

你真棒

改变角度就改变了关系

chapter 5

我要学

改变内存就改变了未来

chapter 6

我思考

改变头脑就改变了人生

chapter 1

太好了

改变心情就改变了世界

面对得失——消极不如积极

人生第一课：太好了

在我们的生活中，每天都要发生很多事。每件事都有正反两面，这样看也许是快乐，那样看没准儿就是烦恼。一个人如果能够及时调整心态，积极乐观地对待每一件事，可是个大本事呢！我们一定要记住，遇事往好的方面想，好运自然来到。

我给大家讲个故事。

有个老奶奶，有两个儿子，大儿子卖盐，小儿子卖伞。如果遇到阴天下雨，老奶奶就发愁："太糟了！大儿子的盐卖不出去了！"可是等到晴天出太阳，她又发愁："太糟了！小儿子的伞又卖不出去了！"所以，她每天愁眉苦脸，担惊受怕，一直很烦恼。两个儿子也受她影响，每天心情很糟糕，生意自然做不好。

有一天，老奶奶遇到一个智者，智者告诉她："您不如换个心境想问题。下雨时想'太好了！小儿子的伞可以卖出去了！'出太阳时就想'太好了！大儿子的盐又可以卖出去了！'"老奶奶真的按照智者的话去做了。果然，她的心情变了：不论天气怎样，她都很高兴，每天活得开开心心。两个儿子的生意也红火起来……

你们看，虽然老奶奶的两个儿子做的生意没有改变，天气也还是老样子：雨照样下，天照样晴。但老奶奶的心情变了，世界就变得大不一样了。

所以，当你在生活中或是学习上遇到困难，先别急着垂头丧气或发脾气。教你一句妙语，百试百灵，那就是：高高兴兴地对自己大喊一声："太好了！"

我每次和孩子们去野外夏令营，或者是到农村采访，都会给他们讲人生第一课——“太好了！”

记得有一次，我带着30个小记者去河南信阳光山县王大湾手拉手希望小学采访。出发前，我就告诉他们：“从现在起，你们就要离开爸爸妈妈，自己独立生活了。如果你说：‘太糟了！我没有爸爸妈妈照顾了！’那你就会天天不高兴，甚至还会哭鼻子呢。如果你说：‘太好了！我有机会学会自己照顾自己了！’那你就会天天高兴，最后学到很多本领。你们愿意天天说哪句话呢？”

“太好了！”孩子们的声音震耳欲聋。

“好！从今天开始，我们每个人都要试着换一种心态：无论遇到什么事情，都要从好的方面想，真心实意地说一声太好了！如果下雨了，我们正在野外，又没有雨伞，大家就要说：‘太好了！太好了！今天可以淋雨了。这样，我们才能经风雨见世面。在家时想淋雨，爸爸妈妈肯定不答应呢！’如果进村子踩了一脚粪，我们就想：‘太好了！我终于踩着粪了。换作平日在城里，想踩还踩不着呢！’”

小记者们一听，高兴得直拍手。他们个个跃跃欲试，都想有机会喊一声：“太好了！”

机会果真一个接一个来了。

进村的第二天下起了大雨。刘漫兮，一个漂亮的北京女孩，也是小记者采访团的团长，她悄悄告诉我：“知心姐姐，出问题了，我的鞋底断了，鞋里全是水。”我蹲下身来看，果然，她的鞋底横向裂开一条深深的大口子。于是，我请团县委的干部帮她买了双新鞋。可是过了两天，我发现刘漫兮还是穿着那双断了底的旅游鞋。我赶忙问她怎么回事。漫兮神秘地告诉我：“叔叔买的鞋太小了，我穿不上，就送给我的手拉手农村小伙伴了。”

“那你自己呢？”我很担心她的脚吃不消。

“本来我觉得挺倒霉的。可后来想起您说过的话，来这里就要换一种心态，于是我就想：太好了！我的鞋坏了，我可以自己处理这件事，不用再听妈妈唠叨了！心里自然高兴起来。我左想右想，想不出好办法，就去请教一位带队老师，她告诉我先用塑料袋把脚包严实，再穿进鞋里就OK了！”

说完，她还得意地伸出脚来给我看。果然，两只脚都好好的，什么问题也没有。

我真为她高兴！因为不久前，漫兮还是一个爱哭的娇娇女，可是经过几天的锻炼，她战胜了自己的眼泪，变得快乐而自信！

刘漫兮后来考上了清华大学，还当过中央电视台少儿节目和清华大学电视台节目的主持人。只要一提起这段经历，她都会激动地说："是王大湾的那一课，让我学会了寻找快乐的方法！"

生活中会遇到很多事情。当你得到的时候，要倍加珍惜；当你失去的时候，也不必懊恼。有时坏事可以变成好事，相反好事也可能变成坏事，就看你用什么心态面对了。

传说，有个人死后来到地狱，看到那里放着一口巨大无比的铜锅，里面煮着各种各样的美味。可奇怪的是，地狱里的人都面黄肌瘦、愁眉苦脸地站在锅旁发愣。他们每个人的手里都拿着一把长柄勺子。说真的，那勺柄实在是太长了，可以用它舀到食物，却没法送到自己的嘴里！

于是，他又去了天堂，同样看到了一口盛满美食的大锅和许许多多的长柄勺子。但天堂里的人们都在幸福快乐地舀着锅里的食物，然后高高兴兴地送到其他人的嘴边……

这个场景真是耐人寻味！它告诉我们：只要心态好，办法总会有的。只要乐观、积极地面对一切，你就会生活在快乐的天堂里！

如果你这次考试成绩不错，就该这样想："太好了，努力没白费，也不看看咱是谁！"如果考得不理想，你也可以这样想："太好了，新的考验，新的开始。走着瞧吧，虽然这次 over 了，下次一定成功拿下！"

如果你回家看到妈妈已经把饭菜做好了，就该这样想："太好了！有妈的孩子就是好，吃完饭就可以抓紧时间写作业了。"可是，如果爸妈因为加班没能回家给你做饭，你也可以这样想："太好了！危难之中显身手，该出手时就出手。大侠登场亮相的机会终于来了。咱也要蛤蟆打立正——露它一小手，给老爸老妈一个惊喜！"

知心对话

其实，我们每个人都随身携带着一个看不见的法宝，它的一面写着“太好了”，另一面写着“太糟了”。

要知道，这个法宝会产生两种惊人的力量：它能让你获得财富，拥有幸福，享受快乐；也能让这些东西远离你，让你整天和烦恼纠缠不清，让你一生都不快乐。

所以，面对得失，享受快乐，不是得到的多，而是计较得少。

面对痛苦——逃避不如奋起

失恋自杀很愚蠢

那是个阳光灿烂的日子，却发生了一件让我非常揪心的事情——这天，16 岁的北京女孩萧晗，给妈妈留下一份遗书，离家出走了。

“知心姐姐，快救救我女儿，她走了，留下一份遗书，叫我‘珍重’，说再也不回来了……”一大早，萧晗的妈妈就给我打来电话，哭得很伤心，“我可怎么活呀！我不能没有女儿，你快救救她吧！”

“不可能！萧晗绝不会自杀！”我斩钉截铁地说，“如果我不认识她，肯定不敢保证，可我见过她，她那么阳光，那么开朗，怎么会去死呢？快把她的手机号给我！”

然而，得知手机号后，我却犹豫了：是给她打电话，还是发短信？萧晗现在究竟在哪儿？

我想起了几天前的情景。

那是中秋节的上午，有个中年妇女闯进我的办公室，进门就哭："快救救我女儿，知心姐姐，只有你能救她了！"

"您别着急，发生了什么事？坐下来慢慢说。"我安慰她坐下。

"我和她爸把她养大不容易呀！这孩子从小聪明好学，学习上从不让我们操心，可自打上了初三，交了个高三的男朋友，情绪就变了。本来他俩挺好的，可前几天吵架分手了，萧晗受不了，回家就哭，要死要活的……"

"她是不是很内向？"我问。

"她很活泼，跳舞可好了，您瞧，这是她小时候的照片……"说着，萧晗的妈妈从书包里拿出一本厚厚的相册。

我接过相册，一页页翻看，照片上翩翩起舞的女孩，脸上洋溢着甜甜的笑容。

"她跳得多好，笑得多美！"我脱口称赞道。

"她朗诵也好！全校朗诵比赛得过第一名，您瞧，这是她的奖状！"提起女儿的事，妈妈如数家珍。

"这么好的女儿您还担心什么？"我相信，凭着那张灿烂的笑脸，萧晗不会因为感情挫折选择轻生，"今天晚上，我们在北京电视台《知心家庭·谁在说》录节目，我是嘉宾主持人，您带萧晗一起参加吧，只要她愿意。"

萧晗的妈妈高兴地答应了。

当晚，母女俩如约来到演播室。

"别提早恋的事，我和她讲是来见知心姐姐的。"录制前，萧晗的妈妈坐在百人观众席上悄悄对我说。

"您放心！哪个是萧晗？"我小声问她。

"上排第三个。"她指给我看。

"丹凤眼，尖下巴，中国古典美人！"我笑着"点评"。看得出，萧晗妈妈很得意。

这时，录制机器突然出了问题，要暂停几分钟。我便大声对节目主持人向平说："向平，请上排第三个女孩朗诵一段，她很棒，得过奖。"

萧晗大大方方上台，即兴朗诵，语调和表情既专业又自信。

大家热烈鼓掌。我放心了，节目录制不会有问题了。

这期节目的内容是“和知心姐姐面对面”。在场的50个孩子和50个父母争先提问，可没人提早恋的事。突然，萧晗妈妈站起来问：“知心姐姐，我有个同事让我问问您，他家儿子早恋，现在很痛苦，怎么办？”

我笑了，真是用心良苦！这位妈妈既想帮孩子又怕伤害孩子，才想出这么个办法。

我在现场讲了个故事：

三兄弟都想在同一块麦地选一株大麦穗，但每个人只有一次机会。老大第一个走上田埂，走了几步就发现了一个大麦穗，急忙拔下来，结果走到中间发现了更大的麦穗，但他已经没有机会了，只好痛苦地走完全程。老二吸取了老大的教训，一路走下来他看哪株都不够大，结果到了路的尽头，大的都过去了，最后只能选后面小的了，于是，他也很痛苦地走完全程。老三最聪明，他走上田埂，仔细观察，发现这块地里的麦穗，大中小是有规律的，没有最大，只有比较大。走到中间，他选了株比较大的，走到尽头，这株也是大的，于是，他幸福地走完全程。

讲完故事，我对萧晗的妈妈说：“回去转告你同事的儿子，要想终生幸福，就要慎重选择，任何盲目选择都会带来痛苦。”

我想，场上的观众，大概只有萧晗心里明白，妈妈的问题是为自己提的，知心姐姐的故事是为自己讲的。

可是，节目中我却发现萧晗提前退场了，心里有些不安。

第二天早上，萧晗打来电话：“知心姐姐，对不起，我昨天要回学校参加晚自习，没打招呼就走了。您的话，我听进去了。我也想通了，现在已经没事了。”

“你能来我已经很高兴，你昨天朗诵得真棒！”听到我的夸奖，电话那端传来开心的笑声。这下我放心了。

可这才过了几天，萧晗怎么又离家出走了呢？她到底去哪儿了？

她现在一定需要帮助。于是，10点21分，我发出第一条短信：

国庆节好！你一定出去玩了吧！我有点惨，昨天下午去一所学校给家长做讲座，出门时不小心踩空，脚扭伤了，轻微骨折，不能出门，心里有些懊丧。可一想，本来就打算在家写书，这样不是更安心吗。太好了！人生总会有些不顺心的事，要想得开。你是个很有才华、很快乐开朗的女孩，我很喜欢听你朗诵，下次节目一定再请你！祝你和爸爸妈妈节日快乐！知心姐姐卢勤。

几分钟后，萧晗发回短信：

知心姐姐，祝您节日快乐！早日恢复健康！

这小丫头，避重就轻，只字不提自己的事。

15 点 4 分，萧晗发来第二条短信：

知心姐姐，如果前面有两条路，您选哪一条？一条是为别人去死，一条是为自己痛苦地活着。

“当然是第二条！”我立刻发出短信，“留得青山在，不怕没柴烧！用别人的错误惩罚自己是最傻的！每个生命都是奇迹。我们来到这个世界上多不容易，怎么能去死呢？我们还有很多事要做呢！痛苦算什么，改变心情就改变了世界。知心姐姐卢勤。”

“那为什么会那么难呢？”15 点 43 分，萧晗发来第三条短信。

我的先生一直在旁关注这件事，他突然说：“我给她发一条！”他写道：“因为人生本来就是与困难和灾难做斗争的，渡过了这一关，明早起来打开门窗，你会发现，天空仍然很蓝。要相信阳光总在风雨后！”

“谢谢！”两分钟后，萧晗发来第四条短信。

“还是我这句话灵吧！她说谢谢了！”我的先生很有成就感。

晚上 11 点，萧晗的妈妈打电话来说：“谢谢你，女儿回家了！”我们这才安心休息了。

第二天 16 点 17 分，萧晗又发来第五条短信：“知心姐姐，昨天真的很感谢您，我现在好多了，对未来很有信心！我相信自己会通过努力获得成功。我想问您个问题，为何我总念叨着他呢？”

“对于一个不在乎你的人还有什么可思念的？”我在短信里对她说，“聪明人永远把幸福快乐的钥匙握在自己手中！你是个很有魅力、很有前途的女孩，应该相信‘我能行’！你也要体谅对方，他要高考了，别去打扰他。你要有志气，别让父母着急，你是他们的精神支柱。我儿子‘十一’从上海回来了，看见他长大了，心态那么好，我特高兴。天下所有的妈妈都希望自己的孩子快乐，而快乐是自己感受到的，不是别人给的，我衷心祝愿你快乐！知心姐姐。”

16 点 44 分，萧晗发回第六条短信：“我明白您的意思了，我会尽全力做一个出色的女孩，希望您注意身体！我想下次和您见面时，还能看见一个满脸洋溢着幸福的知心姐姐！”

17 点 51 分，我发出短信：“我相信这一天很快会到来，OK！”

几天后，中央电视台《影像地带》要做一个《知心姐姐》特别节目，让我邀请两个孩子参加。我第一个想到萧晗，我希望帮她打开一个新的世界，让她重新阳光起来。

10 月 11 日，我打电话给她，萧晗高兴地答应了，两次发短信说：“非常非常想参加。”

后来，我们在中央电视台一起录制了节目。萧晗一点不怯场，大大方方讲了自己的事情，但说离家出走想轻生，是因为没考好，压力大，回避了早恋。

我尊重她的考虑，也只字不提真实原因。但从那天萧晗的言谈举止中，我看到她正在从痛苦中走出来。

时间是医治伤痛的良药。节目播出后，萧晗受到赞誉，也因此重新焕发了活力。

两个月后，我们《知心家庭 · 谁在说》栏目要做一个早恋的节目，主宾是一个因失恋而割腕的中学男生。我请萧晗做嘉宾，现场帮助他。萧晗讲得很精彩，编导由此断定，她具有当主持人的资质！

萧晗彻底变了。

一天她给我打来电话：“失恋了就去自杀，我真傻！您说我怎么那么傻呀！”

我真为她的转变而高兴。

后来萧晗给我写了一封信，信中说：

时光飞逝，转眼间一年就这样匆匆而逝。它留给我们的是幸福的回忆，是甜蜜的往事，是每一个真实的记忆。但更重要的是它让我们对未来有所思考，对明天有所期待。

朦胧中，怎会忘记年少的轻狂。那一天我爱上了他，尽管我们的年龄相差 2 岁，但我们相爱了……

然而那个灰色的夜晚，我们大吵一架后各奔前程。没有原因，就像它的到来一样，冥冥中来到，又在冥冥中消失。

我冰冷的双手在颤抖。我的心好凉，沉重的伤害将我击垮，从那天起我痛得难以翻身。妈妈见我如此，眼泪不停地流，二话没说，拿着我孩提时的照片，找到了知心姐姐。

我很荣幸在中秋这个合家团圆的日子，来到北京电视台《知心家庭·谁在说》的节目现场，第一次见到了知心姐姐。那一天我不会忘记，我第一次在北京电视台的舞台上展示自己，第一次感觉到了我执着追求的所在，梦想就此起飞！

然而，回到家我接到他的电话，原本开心的我再一次落下了眼泪，我感到前所未有的茫然，随后的日子，我无不在煎熬中度过。于是，在 10 月 1 日这个举国欢庆的日子里，我留下“珍重”的遗书，离开了温暖的家，走向我自己生命的终结地。我知道此刻妈妈爸爸早已心急如焚，一定十分的伤心失望，可面对痛苦我抛开了一切。坐在车里，我泪如雨下，往日的点点滴滴历历在目。我该怎样面对今后的人生？我用力攥紧拳头，不知如何是好。我将自己的伤痛包装起来，不想让别人知道。

下了车，眼前有一条河，我想往下跳，可是我恐惧了，我害怕面对死亡，我想要生活。于是，我离开了那条河。外面的风好大，我一个人走在街上，看着商店里琳琅满目的商品，看着大街上穿着奇装异服的人们，我发现自己对这个世界充满好奇，我渴望在这个世界闯荡一番，拥有自己的天地，可是心里那份对他的爱和分开的伤痛却包围着我。内心的痛苦让我再一次求助于知心姐姐，我向她诉说了我的痛苦，知心姐姐很快回复了我，我印象中最深刻的一句话是“改变心情就改变了世界”，它让我在黑暗中找到光明。于是我坐上了回家的车，回到家中，妈妈见到我开心得不得了。是啊，天下有哪个父母不爱自己的孩子呢！从此，我家又恢复了往日的温馨。

我细细品味知心姐姐的话：“改变心情就改变了世界。”忽然明白，年少的感情会有甜蜜，而甜蜜过后那撕心裂肺的伤痛，却是我们这个年龄承受不起的。千万不要去触碰那涩涩的感情啊，更不要为任何事情摒弃自己的生命，那样真的不值得，真的很傻。珍爱生命吧，珍爱今天、明天和未来！花儿谢了有再开的时候，杨柳枯了有再绿的时候，而我们的生命却一去不复返啊！

读着萧晗的信，我仿佛看到那个在河边徘徊的痛苦女孩，看到那个在寒风中独自游走的“傻丫头”。我想起这样一个故事：

一位身材魁梧、英俊爽朗的音乐老师有一个患有先天性弱智的儿子。在弱智的儿子快乐成长的日子里，音乐老师也快乐地面对这一切。有人看到他背地里大哭过无数回，可他的笑脸总会与朝阳一起升起。学生们说音乐老师会在教他们唱歌的时候，双眸中慢慢噙满莹莹的泪光，然后到走廊独自站一会儿，回来的时候，又会张开双臂，对着他的学生们热情地说：“来吧，孩子们，让我们再唱一遍《欢乐颂》！”

音乐老师的内心是痛苦的，但是他找到了让痛苦流淌的出口。

在荷兰首都阿姆斯特丹，有一座15世纪的教堂废墟，上面留有一行字：“事情是这样的，就不会那样。请记住，在痛苦的泥潭里不能自拔，只能与快乐无缘。”

知心对话

痛苦，是人生征途中一段泥泞的小路。面对痛苦，你要忍耐，坚信小路的尽头连着幸福和温馨。

痛苦，是成长道路上必经的风雨。面对痛苦，你要坚强，坚信阳光总在风雨后！

痛苦，是橡胶树里的橡胶。面对痛苦，你要给它一个流淌的出口，用爱的行为不停地释放自己内心的痛苦。

告别痛苦的手需要由你自己挥动，享受今天开的玫瑰的办法只有一个：坚决与过去分手。

面对生命——放弃不如珍惜

你是生命，你是奇迹

法国作家罗曼·罗兰说："人生不售来回票。一旦动身，绝不能复返。"可是，当很多人终于意识到这一点的时候，却已经太晚了！

一天，《中国少年报》编辑部突然给我打来电话："陕西省汉阴县有4个小女孩集体服毒自杀，她们当中最大的12岁，最小的只有9岁。其中3个女孩因抢救及时脱离了危险，可一个叫邝吉娜的11岁女孩却永远地离开了……知心姐姐，您能不能写一篇文章，跟孩子们说说珍爱生命的事？"

"当然要说！"这么郑重的请求，我哪能拒绝！

我立即找来《中国少年报》记者采写的特别报道——《珍爱生命》。

事件发生后，《中国少年报》的记者迅速赶到了几个小女孩读书的学校。

傍晚时分，记者见到了那3个小女孩——小雨（化名）、珊珊（化名）和哲哲（化名）。看着她们充满朝气的一举一动，望着她们脸上洋溢的天真而羞涩的笑容……人们难以想象，就在不久前她们曾经自杀过！

记者试探着提起了“那件事”。果然，孩子们谁都不再开口说话，长时间保持着沉默……面对这种沉默，记者敏锐地发现，她们的表情有了变化，眼神中流露出无尽的哀伤……

为了不触及孩子们内心的伤痛，记者没有继续追问她们自杀的原因，而是换了一个话题：“能告诉我，你们现在心里在想什么吗？”

“事情发生后，我们回到班上，见到同学们感到‘羞得很’……我们伤了父母的心，辜负了老师……我们现在真的很后悔！”珊珊说完，就把小脸藏到哲哲的身后。

“那天，我醒来的时候，发现自己躺在医院里。爸爸妈妈守在我身边，眼睛红红的，还有没擦干的眼泪，一脸着急的样子……那一刻，我心里酸酸的，觉得对不起爸爸妈妈……”小雨的眼睛也湿润了。

亲眼看到了小伙伴的离去，哲哲心里十分难过：“我失去了一个很好的朋友！以前我不懂，现在才真正明白。”

的确，有过一场生与死的经历，3个小女孩似乎一下子懂得了很多。

记者又问：“你们有什么话要对其他的小伙伴说吗？”

女孩们不约而同地点了点头，接下来却又是一阵沉默。“说些什么呢？”哲哲抬头看了看，抿了抿嘴，用一口标准而又好听的普通话告诉记者，“我们想对大家说，当你遇到烦恼或不开心的事情时，一定要和爸爸、妈妈和老师商量，他们会告诉你该怎么办的。千万不要再像我们一样，做傻事！真的，‘人死不能复生’，生命只有一次，要珍惜啊！”

天已经黑了，由于“她们该回家了”，采访不得不结束了。

……可是，孩子们自杀的原因到底是什么呢？后来，报社记者见到了中央电视台《今日说法》的记者，这才了解到事件发生的一些片断。据说，4个小伙伴一起服毒自杀的想法是邝吉娜提出来的，老鼠药也是她买来的。

然而服毒的原因却很简单，只是在出事的前几天，邝吉娜的父亲为了一件小事，在女儿的背上打了几下……起初，小雨、珊珊和哲哲并没有自杀的打算。可是，面对好朋友的自杀决定，3个女孩竟然信守了当初“要死一起死”的承诺！

灯下，读着这份纪实报告，我的心揪在一起。一个含苞待放的女孩，就因为父亲在背上打了几下，便轻率地结束了生命！3个好朋友就因为信守“要死一起死”的承诺，便结伴走向死神！为什么？为什么宝贵的生命在这些孩子眼中竟这样地不值钱？

报道中的一段文字深深地引起了我的注意：

……平日里，4个好朋友聚在一起，最爱看的就是神话类的电影和电视剧。邝吉娜尤其喜欢看《新白娘子传奇》。因为这些影片讲述人死之后，就可以到另一个世界快乐地生活，甚至还能在天上飞来飞去……这让充满美好幻想的她们羡慕不已。对死亡的无知，推动4个小女孩怀着天真的梦一步步走向死神，直到现实悲剧残酷地发生……

是啊，不单单是眼前这4个天真的少女，近几年来，社会上青少年漠视生命的悲剧不是常常发生吗？

一部日本电视连续剧即将播放完毕，剧中的女主人公在最后不幸患病死去。然而，现实生活中，竟有一位同龄的高中女生，就在电视剧全部播完的那一夜，留下了“要去另一个世界陪伴她”的遗书，轻易地放弃了如花的生命。

几个初中生嫌“KO”机器不过瘾了，居然模仿打斗游戏的场面，将一名过路的低年级男生活活踢打致死。

广州的一对小哥俩，为了能亲眼看一看“那个世界”，竟然玩起了上吊自杀的游戏。

一位北京的初中生在日记中赫然写道：“人生就要去‘hi’，否则不如去‘death’！死过还有来世，来世一定更拽！”

古人云：“未知生，焉知死？”是啊，不懂得生命的来之不易，又怎么能去珍爱它？不知道生命的巨大潜能，又怎么能去发挥它？想到这些漠视生命的孩子，我的心情更加不能平静。于是，我写下了一篇短文《每一个生命都是奇迹》。

……你见过海龟产卵吗？那是一个奇迹！暑假，我带领60多名小营员来到广东惠州的海龟湾，参加“认识生命”的夏令营活动。

在湛蓝的大海边，有一片金色的沙滩，这就是海龟产卵的“产床”。漆黑的夜晚，海龟妈妈游上岸，在提前找好的沙滩上，用两只前鳍挖一个大坑，自己卧进去，再继续用力挖一个深坑。由于海龟是海洋生物，没有像乌龟一样的硬爪，不一会儿，海龟的肉鳍已是鲜血淋淋……海龟妈妈就是这样忍着剧痛，把蛋宝宝产在深坑里，然后再用已是伤痕累累的肉鳍向后扬沙，直到用沙子填满深坑。看到自己的孩子确实没有危险了，海龟妈妈这才“一步一回头”地离开沙滩游回大海。

一段时间后，乒乓球大小的小海龟终于钻出蛋壳，拼命爬向大海，去寻找妈妈。可是有很多个头小，或是有伤残的小海龟，在途中死去，或者被其他动物吃掉。但是，剩下的小海龟仍是“一步一回头”地告别养育自己的沙滩，义无反顾地扑向大海的怀抱。令人惊奇的是，30年后，这些小海龟又会回到这片沙滩上生儿育女……

“这太神奇了！海龟居然有记忆，能记住自己出生的地方！”小营员们被深深地感动了，“海龟妈妈太伟大了！”“我总算明白了，为什么把从海外留学归来的人叫作‘海归派’了，原来他们也像海龟一样，从来没有忘记过养育自己的祖国！”

“对呀！”我对小营员说，“世界上每一个生命都是奇迹！人更是奇迹！你们的爸爸妈妈有上亿个精子和卵子，在结合中都壮烈地‘牺牲’了，最后只有一个最棒的精子和一个最棒的卵子成功地结合在一起，创造了你！所以，你一生下来就是最棒的！没有任何理由瞧不起自己，更没有任何理由伤害自己的生命。因为，爸爸妈妈生你养你不容易，祖国培养你不容易。你来到这个世界上的任务，就是要把你最‘棒’的能力奉献给社会，让世界因为你而变得更加美好！不管别人怎么看你，不管别人怎么说你不行，你都要始终相信自己，立志成为一个有价值的人，回报你的爸爸妈妈，回报你的祖国！爸爸妈妈在等你长大，祖国在等你长大。”

后来，这篇文章发表在的《中国少年报》上。我真希望让更多的小读者看到它，并且懂得：人生最宝贵的东西就是生命，而生命只有一次！

知心对话

面对生命，你没有权力轻言放弃，因为你来到这个世界上实在不容易。

面对死亡，你会感受到生命的可贵，因此，你会让生命的每一天都不虚度，永远不要陷入因浪费时间、碌碌无为的羞耻和悔恨中。

面对世界上的一切，只有失去了，我们才会珍惜。生命也是如此，只有紧紧抓住它，才不会让它轻易地离你而去。

珍爱生命吧，快乐地活着！

面对长相——嫌弃不如满意

恭喜你，长高了

有些同学就是不爱照镜子，因为从镜子里看到了真实的自己，比如高矮、胖瘦……总之，看上去就觉得不那么舒心。可是要知道，你是父母爱的结晶，是大自然神奇的一部分，你就是你，不管你喜欢不喜欢，都没法改！

一次，我去武汉采访。下了火车，走进检票大厅，就看到一幅醒目的标语：“恭喜你，长高了！”标语牌下是一个补票窗口。原来，这是在善意地提醒家长，该给个子长高了的孩子补票了。

多人性化的口号！我很快看到，一个男孩摇着妈妈的手说：“快去补票吧。我已经长高了，该买成人票了！”“好，好，你长高了，该买全票了。”说着，妈妈掏钱补了票。

孩子长高了，当然是件好事！

可是，在日常生活中，却有很多同学正在为“高个”烦恼呢。

南京夫子庙小学的刘楷就是其中的一个。别看他才 12 岁，可个头已经蹿到了一米七三，远远超过了同年龄伙伴的身高。

早在刘楷上小学二年级的时候，身高就已经超过了一米四。那年暑假，妈妈带他坐火车去常州外婆家，当他们兴冲冲走到出站口时，却被检票的叔叔拦住了：“小朋友，你应该买全票的。”妈妈解释说：“他只有 8 岁啊！”当时，周围的旅客议论纷纷，甚至有人还用怀疑的眼光看着刘楷和妈妈。刘楷觉得很难为情，妈妈也不知道该怎么办了。原来，火车、轮船、公园售票，都是以身高为标准区分儿童票和成人票。虽然刘楷才上小学二年级，可他的身高已经超过了规定的标准一米四，所以应该按照规定购买成人票了。舅舅知道这件事后，拍拍刘楷的肩膀笑着说：“你这小子蹿这么高，以后的麻烦肯定还多着呢！”

果然，更糟糕的事还在后面呢！在一次书法比赛中，刘楷连闯几关，杀进了总决赛。正当他暗自得意时，却糊里糊涂地被“请”进了办公室。原来，由于他这“鹤立鸡群”的身高，竟然让评委对他的真实年龄产生了怀疑。后来经过再三审核，他的成绩才得到了认可。

对自己的“大高个”，刘楷苦恼极了。于是，他写信给“知心姐姐”：

……这些生活中的小插曲，都是我这身高惹的祸。妈妈还常常打趣说：“儿子，如果你能成为乔丹、姚明，那这身高也算没白长！否则再这么疯长下去，恐怕以后找对象都成问题了！”

由于知心姐姐我的个子也不高，所以不大体会高个子的烦恼，于是只好求助于高个子的电视大明星敬一丹。同学们都知道，敬一丹是中央电视台的著名节目主持人，主持过《焦点访谈》《东方时空》等重要栏目，全国观众都很喜欢她。私下里，敬一丹也是我的好朋友。一直以来，我总是羡慕她那挺拔的高个和潇洒大方的气质，并始终认为她一定常常为自己的"高个"而骄傲。可哪里想到，敬一丹小的时候居然也曾为"高个"烦恼过。她在给刘楷的回信中这样说：

记得小学快毕业的时候，我的个头长得飞快，真可以说是迅猛增长。每次班里排队的时候，我总是站在后面。大人们常常这样说我："这孩子长得跟丝瓜似的。"说真的，这让我很是烦恼！我不愿意长这么高，真的不愿意！

……高个女生不能像矮个女生那样活蹦乱跳，也不能像小巧玲珑的女生那样穿各种漂亮的衣服，甚至都不能做大幅度的动作。于是，我只好常常低着头，缩着肩，弓着背，想尽量显得矮一点，不让别人注意到我。慢慢地，我连性格都内敛了许多。

……我就这样一直不情愿地长高着，不可阻止地长高着。上中学的时候，我才不得不接受了自己的身高，并开始意识到高个其实也挺不错的。可那时，我已经养成了坏习惯：虽然个头高，但是既不挺拔也不健康。整个人常常站不直，没个好站相，走路时还有点外八字，姿态很不好看。我后悔极了！如果当初能意识到高个是件好事，能对自己的模样自我肯定、自我欣赏就好了。

这么说来，成长中遇到的烦恼，对人的一生影响还真不小呢！假如敬一丹小时候能够挺直腰板，恐怕会比现在还美、还自信。虽然这对她来说已经不是什么大问题了，反正她早就是鼎鼎有名的大明星了。可问题是——现在有很多年少的朋友还正在为成长的烦恼困惑呢！

一位黑龙江的小女孩在给"知心姐姐"的来信中这样写道："我长得太丑了，比安徒生笔下的丑小鸭还要丑。每天面对镜子时，我想到的只有一个字——死！”

在“知心热线”中，上海徐汇区的一个女生却抱怨说：“就怪我长得太漂亮了，所以烦心事特多！女生都眼红我，传我闲话；男生三天两头给我塞条子，要和我谈朋友；放学路上，也总有一些陌生人常常借故和我搭讪，甚至色迷迷地动手动脚。”

我去浙江娃哈哈小学，一个瘦瘦的男孩对我说：“我长得又黑又瘦，很多同学就管我叫‘非洲难民’。可我一出娘胎就这样，怎么洗也不白，怎么吃也不胖呀！”

在江苏无锡沁园小学，又有一个胖胖的男生对我诉苦：“由于长得胖，有的同学居然叫我‘大立柜’，笑话我能吃又能盛，真是气死我了！可我也没办法呀，尽量少吃还那么胖！”

……

真是各有各的烦恼呀。

的确，有时人就是觉得别人比自己长得好。于是，高个子羡慕矮个子，矮个子羡慕高个子；胖子羡慕瘦子，瘦子羡慕胖子；丑的羡慕俊的，俊的羡慕丑的；黑头发的羡慕黄头发的，黄头发的羡慕白头发的，白头发的又羡慕黑头发的，结果一头好好的头发染过来、染过去，最后弄得别人都搞不清他原来是什么样子。

其实，要我说啊，改不了模样不如改变心情，改变心情就会改变世界。当你换个角度，用欣赏的眼光看待自己，就不难发觉自己独一无二的内在美。

在全国少工委和《中国少年报》举办的“解决烦恼我能行”的活动中，“知心姐姐”特意把刘楷的来信刊登出来，请大家出出点子，帮他解决烦恼。这下子，刘楷可真的成了新闻人物，大人、小孩都来给他支招。

广东的阳娴露用的是“激将法”：“刘楷，你甭得了便宜还卖乖，个高多好呀！，我们矮个子多羡慕你呀，摘苹果你们都不用梯子。再说了，NBA 不都是大个子吗。只要你坚持训练，说不定还能成为乔丹二世呢。到那时，可别忘了给我这个‘粉丝’签个名呀！”

刘楷的“同类”利丝则是“现身说法”：“刘楷，我劝你别再自寻烦恼了。我也是个高个子，可我对自己就特自豪。个子高嘛，就没人敢欺负你了；而且，遇到同学之间有‘不平之事’，你大可一展英雄本色拔刀相助——帮忙评评理，相信那时你一定特有面子。”

北京的李爽抛出“聪明法”：“个子矮了，想想办法兴许还能长高；可是个子太高，要想‘截短’，还真没听说过有啥好办法。所以，我只能给你提供一个不是办法的办法——据说著名的喜剧大师卓别林个子并不矮，之所以在银幕上看上去显得那么矮小，是因为他的那身奇怪的装束能给人一种错觉。所以，你不妨试一下。”

哈哈，这些主意还真是不错！可最棒的一条，还得数我国台湾著名电视主持人廖伟凡叔叔。他总结出了高个子的“十大优点”：

1. 谁也不敢欺负你（但你绝对不可以欺负别人）。

2. 一大群人在一起，只有你可以呼吸到最新鲜的空气。

3. 树上好吃的水果你一定最先摘到。

4. 你可以成为年薪最高的运动选手（NBA 的球员个个都是如此）。

5. 和别人打招呼时对方一定最先看到你。

6. 老师来的时候，你一定第一个看到（可别是违反校规的时候呀）。

7. 去其他小朋友不能去的地方，你有没有试过？

8. 老爸老妈一定很有成就感，别人吃一碗饭长 1 厘米，你却可以长 5 厘米，太划算了！

9. 上课提问题的时候，老师总是第一个看到你。

10. 出门玩的时候，老爸老妈永远都不怕你走丢。

总结如下：

拥有身高优势的刘楷同学，从现在开始，你应该把你的烦恼转变为感谢。

谢谢！老爸老妈给我一个好身材。

谢谢！没有同学比我高，让我鹤立鸡群好不威风。

谢谢！老师选我当校篮球队队员。

最后也要提醒刘楷的爸爸妈妈：长得太高太快的孩子，有时也要注意他的内分泌问题。到医院做个检查，相信可以让你们比较放心，又有成就感。

看了廖叔叔的建议，矮个子同学可能会急得蹦高了："那我们矮个子有啥优点呢？"

嘿，这就要靠你们自己去总结了。不过，我可以先提供一条：每次站队都能排第一，看什么都最清楚。不信的话，你可以去问问中央电视台著名节目主持人白岩松，据说上小学的时候，他就是一个标准的小不点。我相信，他那时的苦恼肯定和你一样多，体会也一定很深。

知心对话

面对长相，你可以有一万个理由用自爱代替自卑。因为在这个世界上，你是独一无二的，就像天下树叶没有两片一样的，人间也没有任何一个人和你长得一模一样。

人类正是因为不同而美丽，世界更是由于不同而精彩。

无论你长成什么样，都是妈妈爸爸送给你的礼物。你要接纳它，爱护它，喜欢它。

只有你喜欢了自己，别人才会喜欢你；

只有你接纳了自己，别人才会接纳你。

面对艰苦——痛苦不如痛快

苦变乐有魔法

不知道从什么时候起，有这样一句顺口溜经常会挂在同学们的嘴边：苦不苦？想想红军两万五；累不累？看看人家老前辈！这话虽然听着有些调侃的味道，可是，它也给我们提出了一个问题：怎样面对艰苦环境？不管你喜欢不喜欢，上世纪，红军和革命老前辈已经交出了他们的答卷。作为新世纪的新新人类，我们的答案又是什么呢？

我想答案一定是五花八门、各种各样的，但我始终认为：艰苦的环境，对总是说“太糟了”的人是天大的坏事；但对经常说“太好了”的人来说，却是一件快乐的好事。

在一次企业人才论坛会上，我刚好遇到了一个IT精英——一位海归的留美博士。当谈到自己的成长经历时，他很有感触地对我说：“知心姐姐，您真应该给现在的孩子们好好说说。人这一辈子，要想真正实现自己的最大目标，从小就必须接受艰苦生活和学习的磨炼；而面对这些艰苦和磨炼，保持积极乐观的心态更是至关重要！”

后来，他还特意写来一封信：

……

说真的，知心姐姐，比起我那时的学习和生活条件来说，现在的孩子不知道要优越多少呢！记得我上中学的时候，每个星期一的早晨都要挑着一根扁担，一头挂着书包和生活用品，一头挂着这一个星期的米面干粮，光着脚板，走上几十里山路去上学。无论风吹雨打、冰天雪地，从不间断。有时，心里也会打起退堂鼓，那时我就这样对自己说：看来我将来一定是干大事的！否则老天也就不会如此考验我的意志了！

上大学的时候，每逢春节寒假，同宿舍的室友们都赶回家过年了，只剩下我一个人孤零零地留在北京。因为，我实在掏不出钱来买一张回家的火车票，哪怕是一张半价的学生票！大年三十晚上，一个人坐在冷清的宿舍里，听着窗外噼里啪啦的爆竹声，想着远在家乡的老爸老妈，我真的好想哭！可是，我最终还是强忍住泪水，冲着房间的墙壁大声喊道：“太好了！你们终于都走了，这么大的房间我可以一个人住了。而且，30天内去图书馆、自习室、食堂打饭，再也不用排队，再也没人和我争抢座位了！”

在美国留学的时候，环境变得更加艰苦了。人生地不熟，语言又有障碍，很难与人沟通交流；衣食无着，生活必须自理，全靠利用课余时间四处替人打工挣钱；课业紧张，同样因为语言关系，不得不比其他同学多花近一倍的时间和精力……但是，积极乐观的心态始终支持着我，让我勇敢地面对一切挑战。对了，我还在房间里贴了这样一副对联鼓励自己：

房一间，床一张，光棍一条，远渡重洋生活无依无靠；

愁作喜，苦作甜，泪眼作笑，胸有骄阳日子有滋有味！

读完这封信后，我真是敬佩不已。面对艰苦环境，能够如此乐观，真是了不起！

很多家长都向我反映，说孩子们特别愿意和“知心姐姐”去夏令营，平时显得很娇气的孩子，参加夏令营后就会变得很独立、很勇敢。为此他们非常纳闷，一个劲地向我打听：你们究竟用了什么魔法？我笑着告诉他们：魔法其实很简单，就一句“咒语”——太好了！

有一次，我们带了30多个北京孩子前往丹顶鹤的故乡——齐齐哈尔市郊扎龙自然保护区，参加“感受大自然”夏令营。

出发前，夏令营在全国妇联活动中心大厅里举行了出征仪式，许多领导都来为孩子们送行。当时，大厅里黑压压地挤满了人，仅家长就来了100多个。

仪式的最后一项内容是“营长”讲话。作为夏令营的“营长”，我首先请全体同学把眼睛闭上，然后缓缓地说：“小营员们，我们即将前往的地方是丹顶鹤的故乡，一个像神话一样美丽的地方。那里天很蓝，云很白，草很绿，丹顶鹤很漂亮！但是，那里的蚊子、小咬也很多，咬起人来特别狠，感觉会很疼。如果你觉得自己忍受不了，现在还可以决定不去。再有，一会儿仪式结束后，你必须自己扛着行李走到火车站去，相信你可能从来没扛着东西走过这么远的路。如果你走不动，也可以现在就申请不去。好，打算不去的同学现在请举手。”讲完话，我有意停顿一下，看着孩子们。可全场没有一个人举手。

“大家睁开眼睛吧！”我接着问，“你们是不是都做好了去的准备？”

“是！”孩子们的声音震耳欲聋。

“好！如果大家决心已定，作为营长，我只对你们提一个要求：那就是从现在开始，无论遇到什么事，每个人就只能说‘太好了’！而不要说‘太糟了’。你们能做到吗？”

“能！”声音比上次还大。

“那么，我还要和爸爸妈妈们说几句，”面对上百名家长，我大声问道，“听了我的介绍，你们当中有没有舍不得让孩子去受苦的？如果有，现在就可以先把孩子带走。”

“舍得！”家长们居然也像孩子一样高声喊着。

“好！如果这样，我也对父母们提个要求：等孩子从夏令营回来时，无论他变成什么样，你们都要说‘太好了’！而不能说‘太糟了’。”人群中发出笑声。

“好，全体出发。”我下达了“一号”指令。孩子们纷纷自己背起行李，全场没有一个家长上前帮忙。队伍出发了。

很快我发现，队伍中有一个矮矮的小姑娘，背着一个又大又沉的背包。想来这包行李一定是妈妈亲自帮她整理的。妈妈认为，肯定能亲自把女儿送上火车，下了车也肯定会有人帮女儿拿行李。可是她想错了，这回没人帮忙！我一直跟在小姑娘身后，但始终没有帮她一把。因为我相信，她能行！不一会儿，小姑娘脸上的汗水和着泪水一起滚落下来，可她嘴里却狠狠地一直念叨着：“太好了！太好了！”再看看她那痛苦的表情，分明是在说“太糟了！”

到了扎龙，那里的风光确实很美，丹顶鹤也确实很漂亮。可是，蚊子和小咬也确实很多，一团团像轰炸机一样，疯狂地追咬着小营员们。只见孩子们一边紧闭双眼拍打蚊虫，一边始终大叫着：“太好了！太好了！这里的蚊子够聪明，不用特工侦察就知道咱北京孩子的血最甜！”

“嘘，小点声！当心把附近的蚊子全招来！”

“这还用保密吗？地球人都知道！”

“哈哈哈……”

闭营式上，孩子们更是争着上台发言。那个背大包的小姑娘第一个上去说：“我被蚊子咬了108个大包，因此我要说句‘太好了’！”我问她为什么，她回答说：“有了这次经历，以后再挨咬我就不怕了！”一个男孩幽默地说："来到扎龙，最欢迎我的就是'蚊子兵团'！经过一番'亲密接触'，我喂了蚊子，蚊子喂了丹顶鹤。所以说，我为保护丹顶鹤做出了'贡献'！就因为这一点，我要夸自己一句'太酷了'！"小营员中爆发出一阵笑声，而我却忍不住流泪了。

回到北京时，父母们全都赶到火车站迎接孩子。虽然已经是晚上10点多，可孩子们个个精神抖擞、兴高采烈，见到父母的第一句话就是："太好了！下次夏令营我还要去！"父母看到孩子的脸上、胳膊上被咬得大包小包，非常心疼，可也都咬着牙说："太好了！下次还让你去。"

如果说知心姐姐有什么魔法，那么，魔法就是——"太好了"这3个字，谁用谁灵。

所以，无论走到哪儿，我都会反复为大家讲解这三个字的魔力。有一次，我去云南开会，见到了昆明市明通小学优秀辅导员郝学兰老师。郝老师激动地对我说："您讲的'太好了'，真是太好了！我用了，效果太好了。"接着，她给我讲了这样一个故事。

暑假期间，她带着一批小学生去贫困山区看望"手拉手"的小伙伴。那里的路程很远，下了汽车以后还要翻过五座山头。大家正行进在弯弯曲曲的山路上时，天空突然下起了雨，没处躲，没处藏。郝老师干脆就让同学们两腿分开，站稳身体，伸出双臂，冲着天空大喊："老天爷，谢谢你，你湿淋淋的爱我们收到了！"在嬉笑声中，同学们一个个很快被淋成了"落汤鸡"。可是，大家却都觉得精神百倍，没有一个人感到不适。又翻过了一座山头，太阳出来了，用热辣辣的阳光炙烤着他们，都快烤出油啦！郝老师又带领同学们仰望天空，冲着太阳喊道："太阳公公，谢谢你，你火辣辣的爱我们也收到了！"这时，一个顽皮的男生随后还"补充"了一句："您老人家可以回去休息啦！"伴着孩子们开心的笑声，不一会儿，"通情达理"的太阳公公便钻到云彩里去了。就这样，一路上大家欢声笑语，没有一个人喊苦叫累，都尽情地体验着"太好了"的喜悦。一个同学在长满青苔的石板路上滑倒了，可他爬起来便大声喊道："太好了！滑溜得不得了，想滑冰的同学请到我这里报名。”一个同学脚上磨起了血泡，但他忍着痛坚强地说：“太好了！我终于尝到了打血泡的滋味，回去可以和爸爸妈妈吹吹牛了。”

听了郝老师的故事，我真是太高兴了。如果人人都能用这样的心态对待生活，对待艰苦，那么我们的一生该是多么快乐、多么幸福啊！

“太好了”，这三个字虽然普普通通，可却拥有着无穷的魅力。它仿佛就是振奋人们精神的号角，能够把你心中的失望和沮丧吹掉，激发出一股努力向前的勇气；能够把你在前进道路上遇到的不愉快，转化成推动你继续前进的坚强动力。如果有一天，你能够真的做到把艰苦看作快乐，那你的一生就会减少许多烦恼，增添许多欢乐！

身在苦中不觉苦，将来才能少吃苦。

知心对话

面对艰苦，你保持着“太好了”的心态，那你就是主动的，你大脑所有的细胞都处在兴奋的状态，所以你不觉辛苦。

面对艰苦，你是“太糟了”的心态，那你就是被动的，你大脑所有的细胞都处在疲倦的状态，所以你就会觉得紧张，觉得辛苦。

身体的劳累很大程度上是由心理的疲劳造成的，所以乐观地面对艰苦的工作和环境，便能防忧消愁。

面对生活——悲观不如乐观

快乐享受每一天

“年岁不饶人，它不会总让我们享受人生的乐趣。那么，当我们的年龄还能享受，还渴望享受这种乐趣的时候，为什么苛求自己呢？”古罗马哲学家塞涅卡是这样看待生活的。

所以，“今天最好！”珍爱生命的人都会这样说。

有一位老爷爷是著名的内科医学专家，健康快乐地活到了98岁。据说，他长寿的秘诀就是每天早晨大声朗诵这句话：“今天就是最好的一天！”他还说：“今天，只有今天，才是真真切切的生活。过去的就让它过去吧！”

但是，在现实生活中，我们有些同学却不是这样的。而是每天早晨一睁眼，就慌慌张张爬起来，忙着穿衣服，忙着刷牙洗脸，忙着塞上几口早点，忙着一路狂奔冲向学校……一门心思地想着赶紧打发完手里的事，去完成“梦中更重要”的目标。可结果却是把自己弄得手忙脚乱，被总也做不完的“小事”裹挟着，狼狈不堪地向前奔跑……忙着听老师讲课，忙着放学回家，忙着“喂饱脑袋”，忙着写作业，甚至连玩都变得忙忙乎乎！就这样“拼杀”了一整天，等到晚上累瘫在床上时，才发现，自己竟然一点收获也没有！面对这种忙乱的生活，有人写了一句顺口溜来“调侃”自己：“活也忙，学也忙，忙忙碌碌一整天，一觉又到解放前！”

其实，所有的同学都不愿意这样活着。每当问起他们，个个都说：

“啥，这也叫生活？忙着吃，忙着喝，还不动脑子……简直就和猪一样嘛！”

“这种苦日子我算是过烦了，也过够了。再这样过下去，我非‘秀逗’了不可！”

“要说谁还乐意这样活着，不用多问，这家伙准是脑袋进水了！”

生活中，依然有很多同学向知心姐姐诉说内心的苦闷：

都说我们是花儿的季节，可是，我感到的却是无尽的压力、无尽的累！每天晚上，我都得12点以后才能上床；每天早晨，我6点钟就要准时起床。知心姐姐，告诉你吧，我们最近已经连着上一个月的学了，一天也没歇过！我真的快要累死了。每当写完作业的时候，我就想哭，想痛痛快快地大哭一场。可望着眼前堆得满满的辅导资料，我知道，自己连哭的时间都没有啊！

这是一位女同学的来信，现在的孩子活得真累！

有位退休老人说得很风趣："日出东海入西山，愁也一天，乐也一天；遇事不钻牛角尖，身也舒坦，心也舒坦。"多好的心态！我就把这句话送给你们。因为我知道，你们都很聪明，一定能从这句话里琢磨出一些东西。

既然愁眉苦脸是一天，高高兴兴也是一天，大家为什么不高高兴兴地面对每一天呢，又何必像上足了发条的机器。所以我劝大家，应该轻松地踏着生活旋律，快乐地享受每一天。

打个比方，很多同学把每天写作业看成是一件痛苦无比的事，总想着赶紧写完作业好去玩；可事与愿违，作业却总也写不完。于是，他们只好每天在痛苦中煎熬。其实，如果能换一种心情，把写作业看成是自己乐意做的事，安静地坐下来，细细琢磨每道题的解法，好好体验写字的感觉，而不是一心惦记着玩游戏有多高兴，写作业有多苦恼，也许就能感受到学习的乐趣，学习效率也会大大提高，同时更让自己拥有一种成就感。

我再讲一个北京女孩的故事。听完后，或许你们的收获还会多一点。

北京女孩郭羽洁是个非常快乐的小姑娘，外号"疯丫头"。面对学习和生活，她每天都快乐无比。哪里有她，哪里就有笑声。

有一次，她走路不小心，从楼梯的拐角处头朝下栽了下去，摔得很严重，两颗门牙都只剩下一半了。医院诊断书上清清楚楚地写着：三级毁容。

当班主任郭老师去家里探望时，却见她正舒舒服服地躺在椅子上，仰面朝天喝着什么东西。看到老师进来，羽洁吃惊地叫了一声"郭老师"，紧张地像变魔术似的戴上了一个卡通口罩，起身冲到郭老师面前开始傻笑。

大概是伤口很疼，笑声很快变成了捂着嘴的哼哼声。随后，她使劲地跺着脚，指着郭老师呜呜噜噜地说："干什么呀？不许看我！"看到她那副怪模样，郭老师也笑了。郭老师知道，羽洁永远都是这样，无论遇到什么倒霉事，她都能很快找到快乐的突破口，带着大家一起快乐起来。

在郭老师的强烈要求下，羽洁终于答应摘下口罩（只一秒钟），让老师一睹她的"庐山真面目"。看到羽洁的整个嘴肿得老高，郭老师忍不住问："那你怎么吃东西呀？"这下可打开了羽洁的话匣子，她略带兴奋地叨叨起来："医生说了，我只能吃流食。所以，妈妈这回得由着我的性子了，开恩批准我可以喝各种牛奶。喝的时候只能用吸管，太麻烦了。为了省力，我就仰起头往嘴里倒。这可好，喝得我脖子疼极了！"她边说还边用手揉自己的脖子。但是看她的神情，似乎根本就没遇到什么倒霉事，而是终于等来了一个体验嘴肿的机会。

就是这种积极的人生态度，让郭羽洁成了一个快乐的天使，而拥有这种感受快乐的能力，也将使她一生受益。

面对生活，学会感受，是一种习惯。假设一个人从小在挑剔和抱怨中长大，那他就只能学会挑剔和抱怨；如果一个人从小在赞许和感激中长大，那他就有可能学会每时每刻感受生活的快乐。有这样一个故事：

有两个兄弟，一个乐观，另一个悲观。他们的父亲觉得，必须设法矫正。于是有一天，他把所有能买的玩具都买了下来，放进悲观孩子的卧室里；然后，又在车房里堆了一大车的马粪，送给那个乐观的孩子。第二天早晨，这位父亲发现，他那悲观的儿子正坐在房间里哭泣。"你为什么不玩你的那些新玩具呢？"父亲奇怪地问他。"我不敢，我好担心会把它们弄坏。"孩子哽咽着说。父亲摇了摇头，无可奈何地走进了车房，却看到他那乐观的儿子正兴高采烈地在粪堆里玩呢。"你这是在干什么？"哦，爸爸！"孩子兴奋地叫道，"这太酷了！我知道，你一定在里面藏了一匹小马驹！"

知心对话

面对生活，你有什么样的感受，就会有什么样的生活。

乐观是快乐的根源。而保持乐观的唯一方法，就是紧紧抓住生活的每一次快乐。

面对父母——对立不如对话
从改变自己开始

在英国圣公会主教的墓碑上，写着这样一段话：

当我年轻自由的时候，我的想象力没有任何局限，我梦想改变这个世界。

当我渐渐成熟明智的时候，我发现这个世界是不可能改变的，于是我将眼光放得短浅了一些，那就只改变我的国家吧！

但是我的国家似乎也是我无法改变的。

当我到了迟暮之年，抱着最后一丝努力的希望，我决定只改变我的家庭、我亲近的人——但是，唉！他们根本不接受改变。

现在在我临终之际，我才突然意识到：如果起初我只改变自己，接着我就可以依次改变我的家人。然后，在他们的激发和鼓励下，我也许就能改变我的国家。再接下来，谁又知道呢，也许我连整个世界都可以改变。

你也梦想过改变世界吗？那么从现在开始，你试着改变你自己，奇迹就会发生。

很多同学进入青春期后，和父母发生了严重的冲突，向我求救。在家庭生活中，孩子和父母发生冲突，就像舌头和牙齿碰撞一样，很正常。孩子和父母同进一家门，同吃一锅饭，难免会磕磕碰碰。

冲突和矛盾发生了怎么办？谁包容谁，谁让着谁，谁改变谁？

小时候，父母常常包容你，让着你。现在你长大了，父母变老了，你该包容他们了。

我的智囊团有个小成员——17岁的女中学生瞿斐。她酷爱思考与学习，是广州市优秀的学生干部。在化解父母和子女的矛盾上，是个“武林”高手，曾帮我出过许多好主意。她的“武功”秘诀就是：发生冲突的时候，你只要“忍着不说”，从改变自己开始，就会阴转晴。这是她多年来和父亲切磋“武艺”的心得。我让瞿斐帮我支支招，怎样化解子女和父母的矛盾。她很热心地寄来她的心得——她写给表弟的一封信。

表弟：

今天看到你和你妈妈在餐桌上为了一件小事互相指责，我真是觉得很心痛。都是互相关心互相爱护的家人，却好像把对方视为避之不及的瘟神。在这个过程中，我知道你已经从你的角度做得很好了，但是，我觉得你还可以做得更好，你能不能听听表姐的想法呢？

前年，我和我爸一起去香港，中间因为要参加一个活动，需要穿比较正式的服装，就和爸爸一起去买衣服。

我们花了很大的力气才在一家世界名装店选中一套，到付钱的时候，爸爸开始和店员讨价还价。我当时一下子觉得很没面子——爸爸在这样的店里像在菜市场似的和店员为价钱争起来，很“不懂事”。同时，我把这种不爽反映在脸上，帮着店员说我爸：“这个价钱全球都一样，是公司规定的。”我爸火了，带着我离开那家店，站在店门口的台阶上说了我几句，那一整天，我和我爸的关系都很僵。

事后，我进行了反思。其实事情完全可以不变得那么僵，我也完全可以不受我爸的训斥，事情发展成那样的主要原因在于我让我爸没了面子。

人都要面子，特别是在外人面前被自家人伤了面子，一般人都受不了。在伤了面子以后，大部分人会很自然地为自己辩护，会找很多理由来证明伤了他面子的那个人是错误的。这就是一个恶性循环：我不服气，我爸也不服气，伤了我的感情，更伤了我爸的感情。

……

今天在餐桌上，你在大家面前指责你妈，我又自然而然地想起了前年的那个场景。我知道当你看你妈不顺眼的时候你就会说你妈。但是你妈并没有同意你的意见，反过来，她开始说你的毛病：乱花钱、不爱干净、成绩不好……你们就这样吵起来了，越说越多，最后大家不欢而散。

在香港买衣服的事情后，我明白了当我因为父母说的做的而感到不爽时，我想要的并不是逞一时口舌之快，而是真的想让父母听取我的想法，想和父母建立良好的关系，并且在这个基础上大家一起改进。

所以，当我第二次、第三次甚至更多次遇到同样的情况时，我会尽我最大的努力在当时忍着不说，因为当时说很有可能就是一种发作、一种责备。我会选择在事后心平气和，在肯定我父母所做的一切的同时，和父母商量用另一种方法做同样一件事会不会更好。

表弟，相信我，在关键时候忍住不责备父母，结果一定比你忍不住强太多。像我爸，他现在就会采纳我的很多意见，而这永远不可能由责备他而得到。

如果当我实在想发作却忍不住的时候，就发挥阿Q精神，在心里把我父母当成连话都还不会说的孩子，即使这个孩子把所有东西都弄糟了，但是谁会去责怪、抱怨他呢？“唉，随便他啦！”一句话，什么都过去了。

当父母心情不好，用责备的语气来说我，让我非常想和他们吵架的时候，我就会在心里不断地暗示：和他们吵架是完全没有建设性的，吵完了除了大家都伤心什么用也没有。就让我来做父母的出气筒吧。

表弟，你除了指挥你妈怎么照顾你，能不能试着了解一下你妈对人生的看法？或许你可以从这种谈话中了解到妈妈的可敬之处，逐渐消除你对妈妈的瞧不起与讨厌，你对她的态度会很自然地开始变化，你也能体会到妈妈给你的肯定、尊敬与鼓励。我总是认为人与人之间是互动的，当你对妈妈表示真诚的尊敬时，就是你在教会妈妈如何真诚地尊重你的时候。

表弟，不知道这封信是否让你觉得有些可取之处。无论怎样，我真心希望你和你妈妈能够更好地相处！

你的表姐：瞿斐

瞿斐的信中充满了一个孩子对长辈的宽容大度与智慧。

在家庭生活中，宽容实在很重要。萧伯纳说过："虽然整个社会都建立在互不相让的基础上，可良好的关系却是建筑在宽容互谅的基础之上。"一颗承受伤害的心灵是脆弱而难以生存的，一颗不能谅解伤害并宽容异己的心灵，是狂暴而可怕的，因为仇恨是一把双刃剑，不仅伤害别人也折磨自己。宽容不仅是一个人、一个社会必要的道德，也是一种生存智慧。只有学会宽容，才能有足够的耐心去迎接各种矛盾。

读瞿斐的信，想自己的事，你是不是也领悟到该如何以宽容之心去改变自己呢？

在和父母发生冲突时，我们是不是可以做到"缓冲三部曲"。

第一曲：忍着不说。与父母发生争执，关系弄得很僵时，你一定非常激动，火冒三丈，这时开口，很可能"出口伤人"，最好"忍着不说"，这表现了你的气度和修养。

第二曲：想好再说。沉默只是暂时的，亲人之间有话还是要说出来的，但是要想好了再说，不能想怎么说就怎么说，而是该怎么说才怎么说。

第三曲：好话好说。同样一句话，宽容大度地说，别人听了悦耳；挑剔指责地说，别人听了刺耳。

"一个人的心胸有多宽广，他就能赢得多少人。"宽容是能站在对方的立场，将心比心，关注对方的感受。付出宽容，你将收获无穷。

一个同学因为个人愿望没有得到满足，对老师说了一通尖酸刻薄的话，这位老师没有给她任何解释，只是写了一首小诗：

“土地宽容了种子，拥有了收获／大海宽容了江河，拥有了浩瀚／天空宽容了云霞，拥有了神采／人生宽容了遗憾，拥有了未来。”

学生收到后，沉思良久，笑了。她觉得生活真美好，自己很幼稚。

知心对话

面对父母，你要改变自己的心胸，改变自己的态度。

学学大肚弥勒佛“开口便笑，笑古笑今，凡事付之一笑；大肚能容，容天容地，于人何所不容”！

chapter 2

我能行

改变态度就改变了命运

面对挫折——有信心才有成功

人生第二课：我能行

我们常常互相祝福:“祝你一帆风顺！”其实仔细想想，在现实生活中，一帆风顺的时候并不多，常常是困境比顺境多，失败比成功多。

一位优秀初中生给我来信说：

我是一所市重点中学初一年级的学生。在老师、家长的培养和自己的努力下，小学6年我一直成绩优秀，多次在市、区、校等各级学科竞赛中名列前茅。我是老师、家长的宠儿和骄傲。小学毕业，我被直接保送到全市有名的重点中学，等待我的似乎总是鲜花和掌声。然而，在最近的一次全区英语口语竞赛中，久经沙场的我，竟因一时的紧张而语塞，最终没能进入决赛圈。为此，我感到非常沮丧，我真的不行了吗？我该怎么办？

看到这封信，我真想当面对他说“这难道不是好事吗”，因为挫折是人生的财富。对于一帆风顺的人来说，遇到挫折，就如同遇到了宝贝。

我想问问这位写信的同学：古今中外，大凡有成就的人，哪个不是从挫折中奋起的？你是重点中学的优秀学生，是“久经沙场”的英语高手，可为什么进了赛场就紧张呢？你一直很顺利，可为什么仅仅因为没进入决赛，就变得“非常沮丧”呢？你到底缺少什么呢？

恐怕是“自信”吧！

爱迪生说：“自信是成功的第一秘诀。”

自信心的树立，不是和别人比较，而是把自己的今天和昨天去比。

著名科学家爱因斯坦上小学的时候，有一次上完劳作课，同学们都交了自己的作品，只有爱因斯坦没交，第二天，他才送来一只做得很粗陋的小板凳。老师很不满意地说：“我想，世界上不会有比这更糟糕的小板凳了……”爱因斯坦回答：“有的。”他不慌不忙地从课桌下面拿出两只小板凳，举起左手的小板凳说：“这是我第一次做的。”又举起右手拿的小板凳说：“这是我第二次做的……刚才交的是我第三次做的。虽然不能使人满意，但总比这两只强一些。”爱因斯坦的自信就是在和自己的比较中树立起来的。

爱因斯坦用行动证明他是真正自信的人。美国作家威廉·福克纳说过：“不要竭尽全力去和你的同僚竞争，你应该在乎的是，你要比现在的你强。”

一个初二女孩给我来信说：

当您出现在《实话实说》节目中时，我第一次见到您，您那和蔼的面孔给了我一股无可言喻的温馨。在学校，我是老师眼中的骄傲，是同学们心中的学习尖子。在家里，我是一个听话懂事的孩子，但我还是无法对父母敞开心扉。可看了您写的书，我就什么都想说了。在学校，几次大考，我都是全年级总分第一名，小考虽然有时失利，但总分绝不会落后到全班第五名。这使我受到无数的称赞，但也给我带来了无数的烦恼。只要老师批评同学时说：“还是第一名呢！”同学们就会齐刷刷地看我，其实老师指的根本不是我。有时，我一时没管住自己，被老师点了名，老师也会拿“第一名”说事。我知道人无完人，但别人否定自己时，心中总会有一种不舒服的感觉，老师和同学的过分关注也使我有些不知所措。

读着这个女孩的信，我想到一句话——“高处不胜寒。”“身居高处”对人的自信是很大的考验。但其实只要你想明白了，就不会太在意。一个人不可能总是在比赛中取胜，不可能在每次考试中总是第一，不可能总是被别人夸奖，也不可能总不被别人批评。但是，你可以总是想到自己是一个有价值的人，一个重要的人，一个“我能行”的人。

小泽征尔是世界著名的指挥家。在一次世界优秀指挥家大赛中，他按照评委会给的乐谱指挥演奏，敏锐地发现了不和谐的声音。起初，他以为是乐队演奏的错误，就停下来重新指挥演奏，但还是不对。他认为是乐谱有问题。这时，在场的作曲家和评委会的权威人士坚持说乐谱绝对没有问题，是他错了。

面对众多音乐大师和权威人士，他再三思考，最后斩钉截铁地大声说：“不！一定是乐谱错了！”话音刚落，评委席上的评委们立刻站起来，报以热烈的掌声，祝贺他大赛夺魁。原来，这是评委们精心设计的“圈套”，以此来检验指挥家在发现乐谱错误并遭到权威人士“否定”时，能否坚持自己的正确主张。前两位参加决赛的指挥家虽然也发现了错误，但终因随声附和权威的意见而被淘汰。小泽征尔却因充满自信，摘夺了世界指挥家大赛的桂冠。

自信的人并非不会犯错误，而是勇于正视错误，并以此为鉴，更进一步。

著名文学家、史学家郭沫若，从小就是一个充满自信的人。有一次，他和几个同伴到寺庙里偷桃子吃。私塾先生查问是谁偷吃了桃子，没人承认。先生一气之下，写了一副对子的上联：“昨日偷桃钻狗洞，不知是谁？”郭沫若笑了笑，随口对上了下联：“他年攀桂步蟾宫，必定有我！”他诙谐地回答了先生，昨日偷桃吃的是自己，承认了错误，同时也自信地认为，将来有所作为的也是自己。

一个人应该怎样培养自信心呢？我有以下几条建议。

一、树立“我能行”的目标。

相信自己行，就没有克服不了的困难。

拿破仑要翻越阿尔卑斯山时，英国人和奥地利人都嘲笑他是疯子，因为在他们看来，带领大部队越过这座山是永远都不可能的。但事实上，拿破仑成功地越过了阿尔卑斯山，因为拿破仑相信自己，而没有相信众多英国人和奥地利人认为“不可能的”命运。

你无须成为拿破仑，你面临的困难也没有越过阿尔卑斯山那么大，你只需要在面对困难时，对自己说：我一定能成功闯过去！

二、体验“我能行”的过程。

有一个寓言故事：两只青蛙在觅食中，不小心掉进了路边的牛奶罐，罐里的牛奶足以使青蛙遭遇灭顶之灾。

一只青蛙想：完了，全完了，这么高的牛奶罐啊，我永远爬不出去了。

它很快就沉了下去。

另一只青蛙看见同伴沉没在牛奶中，并没有沮丧，而是不断对自己说："上帝给了我坚强的意志和发达的肌肉，我一定能跳出去。"它每时每刻都鼓起勇气，一次又一次奋起、跳跃——生命的力量展现在每一次的搏击和奋斗中。

不知过了多久，它突然发现脚下黏稠的牛奶变得坚实起来。原来，它反复的践踏和跳动，已经把液状的牛奶变成了奶酪！不懈的奋斗和抗争终于赢来了胜利。它轻盈地跳出了牛奶罐，回到池塘，而那只沉没的青蛙却留在了奶酪里。

现在你明白了吧，失败是一个过程，而不是结果；是一个阶段，而非全部。正在经历的失败，是一个"尚在经受考验"的过程。

三、坚定"我能行"的信念。

"再坚持一下"，是区分"我能行"和"我不能"的标志，是一个人对自己所从事的事业的坚定信念。毛泽东主席说过："成功往往在于再坚持一下的努力之中。"

在百年不遇的印度洋大海啸中，15岁的女孩樱达是记者发现的印度尼西亚齐省第一个幸存者。洪水袭来时，她的父母和弟弟都被洪水卷走了，她紧紧地趴在茅草屋顶上顺水漂流，心中一直想着"再坚持一下"。一天后，她被冲到了100公里外的海滩上，在海边的森林里待了一夜。有一条手臂粗的大蟒蛇始终围在樱达身边，不但没有伤害她，还保护她免受其他猛兽侵扰。第二天，樱达发现海边有船驶过，船员救了她。试想樱达如果不是有一种"我能行"的信念，她就不可能在失去亲人时，独自坚持那么久，也不可能和一条大蟒蛇安然相处。"我能行"的信念帮助樱达创造了生命的奇迹，从死神手中赢得了胜利。

"我能行"的人，正是那些遇到困难时能"再坚持一下"的人。

四、感悟"我能行"的意境。

"我能行"的信念，并非贴在高考榜上，而是要铭记在你心中。

唐玄宗天宝年间，有个才华横溢的年轻人到京城应试，自信能考个不错的名次，结果金榜无名。

他几乎不相信这个现实，感到极度沮丧。为排遣苦闷的心情，在一个深秋之夜，他租了条小客船，从京杭大运河泛舟而下，飘行到江苏苏州枫桥镇。

夜已经很深了，四周寂静无声。突然，一阵动人心魄的钟声，从枫桥镇近旁的寒山寺传来，悠长、凝重，在宁静、深沉的夜里久久回荡，钟声撞击着年轻书生的心，使他为之一振，提笔写下一首好诗："月落乌啼霜满天，江枫渔火对愁眠。姑苏城外寒山寺，夜半钟声到客船。"

这个落第书生，名叫张继。他在最愁苦的心情下，被洪亮、幽深的钟声打动，体味到钟声中的无限意境，心胸豁然开朗，写出了千古绝句《枫桥夜泊》。

一千多年后，谁也不记得那次科举考试状元的名字，但几乎人人会咏诵《枫桥夜泊》，更知道这首诗的作者是张继。千百年来，这首诗为枫桥镇引来络绎不绝的听钟人，人们期待被突然而至的钟声"敲醒"。

我曾用这个故事鼓励过许多高考落榜的同学，告诉他们，人生的许多感悟，往往来自失意。

"我能行"的人，并不是获胜的机会多，而是经历的挫折多，在挫折之中感悟得多。

知心对话

面对挫折，你要把握机会，仔细品尝挫折带来的人生感悟，并且抬起头，一次又一次地对自己说："我不是失败了，而是这次没有成功。我相信，我能行！"

面对自己——有梦想才有作为

做最好的自己

你有梦想吗？假如你的回答是“没有”，那么我得说，你的成功机会不会太多。

你有梦想吗？假如你的回答是“有”，那么，我就会高兴地告诉你，你已经拥有了一半的成功机会。

一天，一条小毛虫朝着太阳升起的方向缓慢地爬行着。它在路上遇到了一只蝗虫，蝗虫问它：“你要到哪里去？”

小毛虫一边爬一边回答：“我昨晚做了一个梦，梦见我在大山顶上看到了整个山谷。我喜欢梦中看到的情景。我决定将它变成现实。”

蝗虫很惊讶地说：“你烧糊涂了，还是脑子进水了？你怎么可能到达那个地方。你只是一条小毛虫耶！对你来说，一块石头就是高山，一个水坑就是大海，一根树干就是无法逾越的障碍。”但小毛虫已经爬远了，根本没有理会蝗虫的话。

小毛虫不停地挪动着小小的躯体。突然，它听到了蜣螂的声音：“你要到哪儿去？”

小毛虫已经开始出汗，它气喘吁吁地说：“我做了一个梦，我想把它变成现实。我梦见自己爬上了山顶，在那里看到了整个世界。”

蜣螂不禁笑着说：“连拥有健壮腿脚的我，都没有这种狂妄的想法。”小毛虫不理蜣螂的嘲笑，继续前进。

后来，蜘蛛、鼹鼠会和青蛙都以同样的口吻劝小毛虫放弃这个打算。但小毛虫始终坚持着向前爬行……

终于，小毛虫筋疲力尽，累得快要支持不住了。于是，它决定停下来休息，并用自己仅有的一点力气建成一个休息的小窝——蛹。

最后，小毛虫“死”了。

山谷里，所有的动物都跑来瞻仰小毛虫的遗体。那个蛹仿佛也变成了梦想者的纪念碑。

一天，动物们再次聚集在这里。突然，大家惊奇地看到，小毛虫贝壳状的蛹开始绽裂，一只美丽的蝴蝶出现在它们面前。

随着轻风吹拂，美丽的蝴蝶翩翩飞到了大山顶上。重生的小毛虫终于实现了自己的梦想……

这个美丽的传说，告诉我们一个人生哲理：人活在世界上，不能没有梦想；为了自己的梦想，要付出艰辛的努力。

所以，不必和别人比高低，更不必瞧不起自己。既然你是一个完整的生命，你就应该拥有自己生命的辉煌。但是，那辉煌不是别人给予的，而是自己创造的。

人们常说，有梦想才能有作为，有行动才能有成功。

你们一定知道文学大师林语堂，他把梦想和行动看作是实现人生价值的阶梯，他说："梦想无论怎样模糊，总潜伏在我们心底，使我们的心境永远得不到宁静，直到这些梦想成为事实为止。"但要想使"这些梦想成为事实"，行动才是唯一的手段和保证。

所以，无论你是城市的孩子，还是农村的孩子，是家境富有，还是家境贫困，无论是身体健康，还是身有残障，只要你拥有梦想和行动，你就一定能像小毛虫那样，最终登上自己心中的顶峰。

在祖国西部的大山谷里，有一个女孩名叫王雪。为了实现自己走上教师讲台的梦想，她经历着和小毛虫一样艰难的成长历程……

王雪的家是在陕西省一个贫困的山洼里。从小她就有一个梦想，长大后像哥哥那样背起书包到学校里去读书……

盼啊盼，终于盼到了上学的年龄。可是，就在她背着书包准备迈出家门的那一刻，母亲板着脸挡在了门口："一个女孩子家上什么学？不好好待在家里干活，你想干啥？"

"为啥女孩子就不能上学？"王雪边哭边问母亲。

“白花钱，管啥用？你别给我添乱了！”母亲说完头也不回地走开了。

但是，王雪不气馁，流着泪一再苦苦哀求。母亲心软了，终于答应让女儿去上学了！

小小的王雪第一次尝到了人生的艰辛。

上学的第一天，由于要走40多公里的山路，王雪天不亮就上路了，陪伴她的，是她亲手缝制的布书包，还有那本十几个人用过的珍贵的旧课本。坐在稻草捆上，用着泥土制成的小桌，王雪感到无比的温暖。当她拿出那本旧课本时，几个小伙伴争先恐后地向她借。可是，每个人都是小心翼翼地拿起来翻看，又小心翼翼地送还给她。

老师那天并没有讲新课，而是说了一番话。

“孩子们，你们一定要好好学习，将来靠自己的努力去大山外面的世界看一看……”老师的话，深深地烙在了王雪的心里。从那天起，她便有了一个新的梦想：到大山外面的世界看一看。

冬天的天气总是特别冷，外面的雪花像鹅毛一般飘落下来。坐在教室里，王雪的小脸冻得发紫，浑身冷得直打哆嗦，手中始终紧攥着一支不如小拇指长的铅笔头，认真地抄写着老师在“黑板”上写下的每一个字！

……可是有一天，她伴着夜幕回到家时，听见邻居们议论：“听说，那个老师要回城里去了。”

“为啥哩？”

“这你还不明白？人家嫌我们这个山沟沟穷，给的钱太少了呗！”

这真是晴天霹雳！王雪蒙了，想到平日里对自己关怀备至的老师，现在竟然要离开，她的心里刀绞一样地难受。但她转念一想，是呀，像我们这种穷山沟，又有几个人愿意来教书呢？

老师走了。为了继续学习，王雪还坚持每天走上4个多小时的山路，去向邻村的一个老前辈求学……

功夫不负苦心人，由于王雪学习非常刻苦，她终于考上了中学。让王雪坦然面对无数艰难困苦的坚韧力量，是她的一个美丽梦想——做一名光荣的人民教师！

我期待着王雪“化蝶”的那一天。我坚信，她一定会成功！

知心对话

人生巅峰的高度，取决于你自己心中目标的高度。人生价值的大小，不取决于分数，不取决于别人如何看待你，而是要用你的梦想和行动去衡量。

面对胆小——有胆量才有机会

我怕什么

“孩子们怕什么？”

你们的父母想都不想就告诉我：“现在的孩子啊，天不怕地不怕，家里就数他最大了！哪有什么可怕的？”有的更是愁眉苦脸地说：“我那孩子啊，甭提多能闹腾啦，我们不怕他就算烧高香喽！”

可是，一项调查结果却让他们吓了一跳。杭州青少年活动中心的小记者们，围绕“现在的孩子怕什么”这一主题，对全市800名幼儿园的小朋友、600名小学生和200名中学生进行了调查。调查结果一公布，爸爸妈妈们这才发现，原来孩子们竟有这么多的“怕”！

认真负责的小记者们，大致按照“在学校、在家里、在公共场合、其他”这几项内容，将“最怕”排了排队。

在学校：

我怕——怕挨老师K；怕老师“传唤”家长到学校；怕被老师拎到办公室，接受“心理辅导”；怕被罚站、罚跑步、罚做作业（抄生字词、课文等）；怕老师把我留到很晚才让回家；怕很凶的老师；怕上英语课、数学课、思想品德课、语文课；怕在课堂上被抽到背课文；怕体育不能达标；怕老师叫我回答问题……

我怕——怕没有“死党”跟我玩；怕自己这个班干部被撸掉；怕有人找我麻烦（淘气的男孩子打我、揪我辫子）；怕写作文；怕作业交不出，被班干部在黑板上记名“示众”；怕看到同学“血拼”；怕高年级的大同学；怕被同学“搞怪”；怕变成“小四眼”；怕同桌是个“小鸡婆”（呵呵，很多男生都在点头哦）……

我最怕——怕考试砸锅，被家长狠狠K上一顿；怕老师留的作业N多N难，做到晚上11点都做不完；怕成绩下降（怕好朋友成绩比我好，更怕老爹老妈打电话问老师我在班上的考试名次）；怕老师让家长在不及格的考卷上签名；怕家长会后的那个晚上……

在家里：

我怕——怕老鼠、狗、蛇、蟑螂、蜈蚣、蜘蛛、毛毛虫、蚊子、黄蜂、蚂蚁（包括怕虫子突然出现，怕没毛的东西……）；怕停电；怕一个人看恐怖片；怕父母不准我出去玩；怕不能玩电脑（上网、玩游戏、聊天、听music等）；怕妈妈不准我看电视；怕做错了事妈妈不让吃饭；怕爸爸打人的“武器”；怕妈妈逼我练琴；怕妈妈翻我的书包或抽屉（看我的作业、日记、秘密……）；怕煤气爆炸；怕失眠（肚子饿、心情不好）……

我怕——怕看爸爸瞪眼睛（这可是要发火的前兆，屁股准遭难）；怕听妈妈唠唠叨叨（听一大堆大道理，烦都烦死了，还没得逃）；怕爸妈吵架后几天不说话；怕严厉的奶奶、舅舅、大伯、外公等；怕妈妈（爸爸）下岗；怕被父母遗弃；怕听妈妈哭……

我最怕——怕挨老爸“胖”揍；怕爸妈的期望值太高（老是拿我跟别的孩子比较，然后便是一顿数落）；怕每天做不完的家庭作业；怕在晚上“小鬼当家”；怕被父母误会；怕家长不理解自己的想法，勉强自己做不喜欢做的事；怕做噩梦……

在公共场合：

我怕——怕家长当着外人的面揭自己的短；怕在大家面前唱歌；怕当众受到批评，或是被别人嘲笑；怕在陌生人面前说话；怕学校外面的小流氓；怕被抢劫（大孩子向我要"保护费"）；怕被"神经病"跟踪……

我怕——怕一个人横穿马路；怕公交车太挤；怕在外面玩找不到卫生间；怕晚上 9 点以后一个人独自回家；怕自行车被人偷走；怕吵闹……

我怕——怕迷路；怕钱包（随身物品）丢了；怕被人拐卖；怕坏人（陌生人、骗子、小偷）把我绑架；怕跟家人走散；怕在公共场合出丑……

其他：

我怕——怕爸妈吩咐我做的事情没有做好（大人生气时就像天塌下来一样可怕）；怕上补习班（丢脸）；怕别人不跟我说话；怕打雷；怕有毒的东西；怕怪物；怕爆炸；怕火灾；怕出意外；怕受伤；怕冷（热）……

我怕——怕抽血（打针、吃中药、挂点滴、吃苦瓜……）；怕玩游戏的时候遇到"BOSS"或死机；怕不允许看课外书；怕照镜子（因为长得太对不起大家）；怕别人喊我的外号（猪蹄、假小子、鼻涕虫……）；怕写毛笔字（手上都写出了一个大包——老茧）；怕拍照（不会摆 pose 好尴尬）；怕妈妈不给零用钱；怕世界上从今以后没有了肯德基、麦当劳……

我最怕——怕鬼、怕黑、怕死、怕吃苦、怕无聊……

说真的，看到这 99 个"怕"字，连我这个一向自称胆大的人都有些害怕了！不是因为别的，而是这些个"怕"，会严重阻碍孩子的正常发展。

那么，怎么做才能丢掉这些"怕"字呢？

英国哲学家培根这样说过："如果问在人生中最重要的才能是什么？那么回答则是：第一，无所畏惧；第二，无所畏惧；第三，还是无所畏惧。"

明白了吗？勇敢是成功者必备的素质。只有那些自信、做事从不畏缩、富有冒险精神的人，才能成就伟大的事业。而"胆小鬼"只能和机会擦肩而过。

所以，我希望大家都能和"胆小"绝交，和"勇敢"交友。

2004年的寒假，寒风刺骨的北京迎来了一批不怕冷的同学——祖国北城哈尔滨市少年新闻学院的小记者们。

我见到他们那天，北风呼啸，天气真的冷极了。可小记者们却整整齐齐地站在中国青年政治学院的操场上，个个精神抖擞。

“你们怕不怕冷？”我大声问。

“不怕！”声音划破寒空。

“为什么不怕？”我心中顿时充满了敬意。

“这也叫冷？比我们那儿暖和多了！”哈哈，原来是这样。

教室里，我和小记者们开始了“面对面”的交流活动。

“你们东北孩子不怕冷，是因为你们从小在寒冷中长大，经历过风雪。这是非常棒的经历。不过，我想问问大家，离开家，来到陌生的北京，你们有没有遇到什么让自己害怕的事？”

一个小女生走上台。“我们两个女孩住一间屋。可是每到晚上，我俩就特害怕。总觉得屋里怪怪的，特恐怖。就算把头用被子蒙起来，也还是睡不着。”说着说着，女孩开始有些发抖。“你们怕什么呢？”我很奇怪。

“怕鬼啊！”

“那你见到鬼了吗？”

“没有。可是我听过很多鬼的故事！听说那些鬼都伸着红红的长舌头，张着血盆大口，竖着全身黑漆漆的长毛……而且，我老觉得它就真的待在屋子里，可吓人啦！”

“这些鬼故事是谁讲给你听的？”

“他们男生呗！”女同学有些不好意思。

我于是转向男生。

“那你们怕不怕鬼呀？”

“不怕！”

“不怕的请举手！”全体男同学都举起了手。

我随意点了一个男孩。“就请你上来说说，你为什么不怕鬼呀？”

小家伙“咚咚”地走上来，扯着嗓门说：“因为，世界上根本就没有鬼！”

“很好。今天晚上，你就和这两个女生换换房间，住到她俩那间屋里去，行不行？”

“不行！不行！还是算了吧。我那间屋住得挺好的，原来分配住哪儿就住哪儿吧！”那位男生紧张得拼命摆着双手，惹得全场一片大笑。

“看来你也害怕，”我随后面对同学们说，“世界上有没有鬼？有！可是，鬼在哪儿呢？其实并不在屋子里，而是在大家的心里。这种鬼，就叫‘胆小鬼’！驱走‘胆小鬼’靠什么？靠勇敢！靠自信！我插队的时候，一个知青夜里从外面跑回来，吓得浑身哆嗦。‘不好了，我撞鬼了！它一直沙沙地在后面紧紧跟着我……’大家低头一看，发现他的鞋跟上黏了一片苞米叶子。现在，你们知道鬼在哪儿了吧？其实啊，鬼就藏在他心里！”

讲完故事，我对小记者们说：“一个人要想有大的发展，就必须和‘我不行’说再见，把‘胆小鬼’从自己的心中赶出去，面对机会大胆地喊出‘我能行’。现在机会有了，今晚谁愿意和这两个女孩换房间？对了，顺便告诉大家一个小秘密——这个房间体操明星李小双曾住过那。好啦，想换房的同学举手！”

“刷！”小记者们齐刷刷地举起了手。还有两个女孩没举。她俩正是这个房间的主人，现在早就不想换房了。

我再讲讲北京同学高尔东有趣的“三大战役”。高尔东是北京小学六年级五班的学生，他讲得特有意思。

遇到害怕的事，我就打“三大战役”，虽然不一定每战必胜，但我越来越有信心了。

游泳是我印象里最害怕的一件事。我从小就怕水，除了手、脚、脸外，头和身上最怕沾水，一沾水就会觉得特别紧张和恐惧。妈妈告诉我，在我小的时候，洗澡可是一件难事，不哭个天翻地覆别想洗了澡。带我去游泳也很痛苦，水一没过脚脖子，我的哭声就会响彻整个游泳馆。

当时，一看到一池子水，我就想“我真不行”，决不下水。

后来下了水，把头放在水里更是一件“比登天还难的事”。我怎么都想象不出来我的头能放到水里。

“我真不行”就像一个魔鬼，一见水掉头就跑。记得刚上游泳训练班时，教练问我为什么不愿意下水，我说水里有水鬼，教练哭笑不得。训练一开始，我就找诸如上厕所、肚子疼等理由，拖延时间。

在教练的严厉要求下，我只好“硬着头皮”下水，头也扎到水里去，慢慢觉得曾经认为根本不可能的事，也并不难。跨过这一“痛苦”后，我最终学会了游泳。水里不但没了水鬼，还成了快乐的天堂。回头一想，我也不是不行呀！

游泳训练班结束，我和小伙伴一起游泳向家长汇报时，大家都说我的姿势标准，妈妈激动得不行。我就想“我还能行”！

有了这种体验，再遇到心里害怕但又必须做的事，我就先“硬着头皮”过一关，然后享受闯关后的快乐。

有了这种体验，我已经不再害怕困难了。

我正在等着新的困难，看看这招还灵不灵。

我再总结一下三大战役：

我的“第一战役”：“我真不行”到“硬着头皮”。

我的“第二战役”：“硬着头皮”到“我也不是不行”。

我的“第三战役”：“我也不是不行”到“我还能行”。

知心对话

面对胆小，你必须重新认识自己。

在通往成功的道路上，最大的障碍不是别人，而是你自己；没有谁能吓倒你，除非你自己。

“胆小鬼”不会躲在黑暗处，而是隐藏在你心中。驱走了“胆小鬼”，你就会成为一个“我能行”的勇士。

面对非议——有胸怀才有气量

冷静是金

“长得丑不是你的错，可是，你也不应该跑出来吓唬别人啊！”“知心热线”电话中，一个初二男生一上来就这样说，“这话说得多损啊！说真的，我简直都要崩溃了，跳起来咬死他们的心都有，您说说，这世道，人怎么会那么刻薄啊！”

只要生活在人群中，就会有人议论你。同样一个人，有人会夸奖，也有人会讥笑；同样一件事，有人会赞扬，也有人会批评……

这很正常。面对非议，你无法堵住别人的嘴，不让人家说。但是，你可以改变自己呀！

一个男生因为别人讥笑他“小矬个”“武大郎”“矮冬瓜”，就整天活在阴影里，心情郁闷，烦恼不堪，然后找到了我。

我给他讲了一个小故事：

从前，有一位师傅打发他的年轻弟子去集市上买东西。可弟子回来后，却是满脸不高兴。

于是师傅问他：“怎么了？出了什么事，你这么生气？”

“我到集市上的时候，那些人都追着我看，还不停地嘲笑我！”弟子撅着嘴说。

“哦，他们都嘲笑你什么呢？”

“笑我个子矮呗。哼！可是，这些俗人哪里知道，虽然我长得不高，但我的心胸可宽广着呢！”弟子仍是气呼呼地说。

师傅听完他的话，什么也没说，转身拿起一个脸盆，带着弟子来到海边。

师傅先用脸盆盛满海水，然后往盆里丢了一颗小石头，脸盆里的海水溅出来一些。接着，师傅又捡起一块大石头，用力扔进前方的大海里，大海没有任何反应。

“你说自己的心胸很大，是吗？可我看不见得，人家只是说了几句你不爱听的话，你就生这么大的气！就像这个丢进一颗小石头的水盆，水花到处飞溅。”

弟子这才恍然大悟：和宽广的“大海”比起来，自己的心胸真的就只是像这个小小的“脸盆”一样啊！

我告诉那个男生：“男子汉嘛，就要心胸宽广一些，眼光放远一些。个子小怎么啦？个子小好处多啦！省吃省穿不说，还灵活机敏，每次排队都站第一个，看什么都最清楚，多好啊！”

后来，那个男生变了，变得活泼开朗。再听到同学喊他外号的时候，他总是笑着说：“谢谢夸奖！我知道自己，浓缩的都是精华！”

就是嘛，一个人的才能高低、贡献大小，并不在于个子的高矮。音乐大师贝多芬，并没有因为个子矮就影响了他的卓越成就；杰出的军事天才拿破仑就更不用提了……所以，自信、自强才是最重要的。

一个人不能没有自尊心，但太多心也没必要。即使有人故意嘲弄你，也不必恼怒。鲁迅说得好：“最高的蔑视是无言，而且连眼睛也不转过来。”

当然了，面对同学的冷嘲热讽，你可以不理不睬。但是，面对有损个人尊严的恶意谣言，你也要及时、巧妙地澄清事实真相。要记住：谣言最害怕事实。

有个女生就因为听到有人给她造谣，气得够呛，却不知道应该怎么办，我也给她讲了一个真实的故事。

赫普村的毕老师，每周六都要组织球赛，让他的学生和其他学校的孩子比赛。比利是毕老师的学生，最喜欢打棒球了。而且，他也非常尊敬毕老师，他觉得毕老师就是天底下最棒的老师。每次球赛结束，比利都会主动留下来帮老师整理球和球棒。收拾完毕，毕老师总会笑着对他说：“谢谢，辛苦你了。我们下星期六见。”

可是，小球迷汤米却在回家的路上，看见毕老师路过付先生的水果店时，拿了一个最红最亮的苹果放进了袋子，没付钱就走了。汤米赶紧跑去跟朋友们报告他的“重大发现”。

星期六又到了，毕老师的学生们又进行了一场球赛。比赛结束后，汤米和朋友们再次看到了他们不敢相信的事实——毕老师又拿了一个苹果，仍然没付钱就走了！他们愤怒了，迫不及待地跑去告诉自己认识的每一个朋友，朋友又告诉他们的爸妈，爸妈又对邻居讲，邻居再告诉自己的朋友……消息很快就在小小的村庄里传开了。

又一个星期六到了，可棒球场上却只来了毕老师一个人。正当他觉得奇怪时，就见比利哭丧着脸走了过来。

毕老师问：“怎么只有你一个人来了，其他人都上哪儿去了？”比利低着头，盯着地面小声说：“大家都说你是小偷，都不愿意来了。”毕老师一脸困惑：“说我是小偷，我偷什么了，有证据吗？”比利老实地回答：“是汤米和他的朋友们说的，他们说是亲眼看到，你两次在付先生的水果店里，没付钱就拿走了苹果。”

“啊，原来是这样！让我们一起去和付先生谈谈这件事，好吗？”

说完，毕老师带着比利来到水果店。付先生正在店里，就和他俩打招呼说:“你们现在怎么会来这里，不是应该正在打棒球吗？”毕老师笑笑说:“今天没有球赛。我早一点过来拿苹果，可以吗？”付先生回答：“当然可以啊。反正你每个周六早上来买牛奶的时候，都会先把苹果钱付了。只要你愿意，想什么时候来拿苹果都行啊！”

毕老师拿起一个苹果，笑着送给了比利。比利这才恍然大悟：“谢谢！但是，我要先去找到汤米，跟他说清楚这是怎么一回事。”毕老师点点头：“顺便请他来我家一趟，我有话想对他说。”

很快，汤米飞跑着来到毕老师家。“天啊，毕老师，我们真的不知道事情是这样的。我们真的不应该乱说话的。可是,您当时看起来真的像是……”

毕老师抬了抬眉毛。“耳听为虚，眼见为实。可是，有时候自己亲眼看到的东西，也并不一定就是事情的‘真相’啊！”

汤米低头看着自己的鞋尖说：“真的很对不起！我该怎么补救呢？”

毕老师深深吸了一口气，想了想，说：“你先去找个塞满羽毛的枕头，一个小时后拿到棒球场来找我。”

一个小时后，汤米抱着枕头来到棒球场。毕老师把他带到看台的最高处。

“今天的风真大啊！”毕老师递给汤米一把剪刀说，“请你把枕头剪开，然后再把里面的羽毛抖出来。”

汤米一脸疑惑，但还是照着做了。无数根羽毛被风吹起，很快飞得又高又远。

汤米奇怪地问毕老师：“难道这样做就能补救了吗？”

“你还要做一件事，”毕老师说，“现在就去把羽毛通通捡回来。”

“全部捡回来？那是不可能的！”一听这话，汤米大叫了起来。

于是毕老师语重心长地说：“可你说出来的话也是一样啊，一旦出口，就再也收不回来啦。你看，这每一根羽毛就代表了一位赫普村的居民。”

汤米想了好一会儿，最后，若有所悟地说：“我想，我该做的事还多着呢。”

毕老师露出了微笑：“以后，不要那么快就去做判断。要记住，你说的话，也许会给别人造成很大的伤害啊。”说完，毕老师拿出一个又红又大的苹果送给汤米，然后转身回家了……

我的故事讲完了，面对别人的非议，你知道应该怎么办了吧？

嘴巴是别人的，可脚下的路却是你自己的。习惯被人家嘴巴“虐待”的同学，请你自己也好好想一想：凭什么我要当别人嘴巴的奴隶？凭什么我要这么在乎别人的想法呢？

只要你真正想明白了，我相信，你就拥有了快乐的天空！

知心对话

面对非议，你要保持冷静。

对不经意的嘲讽，你要大度，一笑了之，千万别往心里去；

对打击自信心的讥笑，你要装聋作哑，不去听，更不要听进去；

对诋毁人格的谣言，你要巧妙地用事实说话，不必害怕，更不能逃避！

唯一能否定你的人，只有你自己。

面对歧视——有志气才有出息

我是女孩，我能行

“谁说女子不如男！”豫剧《花木兰》中的一句唱腔，唱出了多少女孩的心声。

但是，在我国农村，至今还残存着“重男轻女”的落后现象。

为了能给女孩们长志气，我们中国少年儿童新闻出版总社和联合国儿童基金会，共同举办了一个名为“我是女孩，我能行”的活动，吸引了许多女孩子踊跃报名。

有一天，活动办公室的同志交给我一大摞西部农村女孩的来信，字里行间充满豪情和志气。

一位陕西女孩这样说：

女孩，是那么善良和纯洁。可大人们为什么总说男孩好！我的爸爸妈妈就是这样，每当他们没事可做的时候，总会看着我，叹口气说：“唉，你要是个男孩，该有多好啊！”我就不明白。“女孩怎么了？我们不比男孩干得少，我们也不比男孩吃得多，我们女孩到底惹着谁啦！”

岐山县城关小学王艺璇小姑娘在信中说：

有人说，女孩胆小，不像男孩那样顽强。其实他们错了！雅典奥运会上的女英雄们就充分证明了这一点。我国的李婷、孙甜甜是这次奥运会女子网球双打比赛的金牌获得者，她们顽强拼搏的精神永远印在了我的心中。网球是我国体育项目的弱项，但这一次，她们竟然创造了奇迹，拿到了金牌。那一刻，我高兴地喊道：“女孩不是弱者！女孩也能超过男孩！”

也有人说，女孩懦弱，不像男孩那样坚强。可是，他们又错了！美国的海伦·凯勒就是一个很好的例子。她小时候，染上了一种病，致使她眼瞎耳聋。但她从来不向困难低头，奋发图强，坚忍不拔，终于凭借自己刻苦的努力，以惊人的毅力奇迹般地考入了哈佛大学，而且最终成为一个著名的作家和教育家。她曾经这样说：“既然没有一条到达顶峰的平坦大道，我就得走自己的迂回曲折的小路。”就冲这一点，我再一次自豪地喊道：“女孩不是弱者！我们比男孩更坚强！”

小姑娘讲得真棒！

本来嘛，“女孩并不比男孩差！女孩同样是祖国的栋梁！”

这话可不是我说的，而是颉朝敏说的。她也是个女孩，和王艺璇在同一所学校里读书。她在信中说：

我是一个女孩，我也同样拥有自己的梦想。我希望自己将来能像居里夫人一样，成为世人瞩目的科学家；我希望自己将来能像倪萍一样，成为优秀的节目主持人……我一直在为自己的梦想奋斗、拼搏，我也一直在尽可能地锻炼自己。在刚刚结束的全校“爱国主义”演讲比赛中，我的得分始终遥遥领先，而那些“男子汉大丈夫”，却只能屈居在我这个“小丫头片子”之下了。运动会上，我的奔跑速度也让男孩们不得不服。我的学习成绩更是让大家对女孩刮目相看。虽然我还有一些缺点，但是我仍会用自己的实际行动向人们证明，女孩绝对不比男孩差！

哼，别把女孩看扁了。人贵有志，咱们骑驴看唱本——走着瞧！俗话说得好：“树无根不长，人无志不立。”

说实话，我真佩服这些女孩！她们凭着自己神奇的力量，一点一点改变着周围人对女孩的态度。

告诉你吧，我还特佩服一个人：在短短的20多年时间里，她付出了“八倍的辛劳”，从一个备受歧视的黑人女孩，成长为一位著名的外交大臣，奇迹般地完成了从丑小鸭到白天鹅的改变。

这个女孩的名字相信你一定听说过，她就是2005年来中国访问的美国女国务卿赖斯。要知道，她的奋斗历程真的是充满了传奇色彩。

赖斯小时候，美国的种族歧视还很严重。特别是在她生活的城市伯明翰，黑人的地位非常低下，处处受到白人的歧视和欺压。

赖斯10岁那年，全家人来到纽约观光游览。就因为黑色皮肤，他们全家被挡在了白宫门外，不能像其他人那样走进去参观！小赖斯倍感羞辱，咬紧牙关注视着白宫，然后转身一字一顿地告诉爸爸：“总有一天，我会成为那房子的主人！”

赖斯父母十分赞赏女儿的勇敢志向，经常告诫她：“要想改善咱们黑人的状况，最好的办法就是取得非凡的成就。如果你拿出双倍的劲头往前冲，或许能获得白人的一半地位；如果你愿意付出四倍的辛劳，就可以跟白人并驾齐驱；如果你能够付出八倍的辛劳，就一定能赶到白人的前头！”

从此，为了实现“赶在白人的前头”这一目标，赖斯数十年如一日，付出超过他人“八倍的辛劳”，发奋学习，积累知识，培养才干。她不仅熟练地掌握了母语，还精通俄语、法语和西班牙语；考进了美国名校丹佛大学并获得博士学位；26岁时就已经成为斯坦福大学最年轻的女教授，随后还出任了这所大学最年轻的教务长。另外，赖斯还用心学习了网球、花样滑冰、芭蕾舞、礼仪训练等，并获得过美国青少年钢琴大赛第一名。凡是白人能做的，她都要尽力去做；白人做不到的，她也要努力做到。她终于成功了，昂首挺胸，堂堂正正走进了白宫，成为美国历史上第一位黑人女国务卿。

当有人问起她成功秘诀的时候，她说："因为我付出了'八倍的辛劳'！"

有志气才会有出息，有耕耘才会有收获。

面对歧视，你不必怨天尤人，也不必自暴自弃，而是应该先问问自己：我是不是瞧得起自己？我是不是有志气做"最好的自己"？我是不是付出了"八倍的辛劳"？

知心对话

假如你是女孩，面对歧视，你一定要有志气！生气不如争气，做出成绩来给那些"重男轻女"的父母们看看，看看他们的女儿有多棒！

假如你是女孩，面对歧视，你更要看重自己。别人瞧不起你，你却要瞧得起自己。

假如你是这样的一个女孩，人们一定会竖起大拇指，同时在心里为你暗暗喝彩："中国女孩，真的了不起！"

面对贫困——有抱负才有毅力

上学的道路有多远

生活上的贫困其实并不可怕，可怕的是心灵上的贫瘠。古人说：山不在高，有仙则名；水不在深，有龙则灵。所以，"知心姐姐"也要说：路不在远，有志则行！

在贫困的农村，女孩子要想把上学的路走到底，那真是一件很不容易的事，更需要有一种持之以恒、不达目的绝不罢休的顽强精神。不管别人怎样瞧不起你，你绝不能失去勇气、毅力和尊严。

在我国的贫困农村，有志气、爱学习的孩子有很多很多。湖北大别山区的戴满菊就是其中的一个。

我第一次见到满菊是在 1990 年夏天。那一次，我带领来自京、津、沪、汉等地的 12 名《中国少年报》特邀小记者，组成了一支赴贫困地区小记者采访团，风尘仆仆来到了大别山区。

大别山是一块英雄的土地。几十年前，这里曾经旌旗遍地。无数热血男儿为了革命出生入死，无数老人、妇女，甚至是孩子也献出了宝贵生命。鲜血染红了大别山，浸润着每一寸土地，使它变得雄伟挺拔，苍青翠绿。

大别山又是一块贫穷的土地。岁月还未完全抚平战争的创伤，贫困便紧随而来。位于大别山南麓的湖北省罗田县，1986 年年收入在 200 元以下的贫困户就有近 7 万户，占全县总人口的 57.8%，被列为国家重点扶持的贫困县；1989 年，仍有 11 万人尚未解决温饱问题……

许多品学兼优的孩子都因贫困失学了。戴满菊也不例外，她的心里好难过。可是，她不得不退学。因为她要做饭、烧水、洗衣、喂猪、收拾屋子，还要帮着大人干农活。然而，她每天都会抽空跑到山冈上站一会儿。因为，那儿有一条通往学校的山路……

一天，满菊提着一筐猪草，正吃力地往家走，刚好碰上了前来找她的张老师。她一头扎进老师的怀里，“哇”的一声哭了：“老师，我好想你，我好想读书啊！”

张老师来到满菊家，主动提出要为满菊垫付学费。满菊也“扑通”一下子跪在父母面前，哭着哀求说：“让我去读书吧！家里的活，我哪怕不睡觉也会干完的！”

满菊的父母流着眼泪点点头。

从此，满菊又回到学校读书了！每天，她天不亮就会起床，做早饭、喂猪，然后背起柴草筐上路了——学校离家有15里山路，每天上下学要走3个多小时。于是，她一边走，一边用心背着英语单词……

由于满菊的刻苦事迹，使她成为被“希望工程”救助的少年。那天，我带着来自天津的小记者高勇和北京来的小记者杨浩，去采访了戴满菊。

满菊，一个瘦小的湖北女孩，个子也就和城里三年级的孩子差不多。只见她穿着一件洗得有些发白的花布旧衣，干净而合体。面对我们的到来，小姑娘清秀的脸上显得有些紧张，两只小手捏来捏去，好像不知道应该放在哪里才合适。

扭头再看那两名小记者，虽说都是从大城市来的，可单独采访也是头回上阵，似乎也有点胆怯。

我坐在一旁有意不吭声，静静地等着孩子们的初次采访开始……

“你……叫什么名字？”男孩头也不敢抬，半天挤出一句话。

“戴满菊。”女孩轻声地回答。

“上几年级了？”

“五年级。”

“你家里有几口人啊？你爸爸是干什么的？”男孩始终低着头，索性照着小本子上事先准备好的问题，一条接一条追问下去。

“快打住吧，你们也太严肃了！我们又不是在查户口。别那么紧张，随便聊嘛。”我实在憋不住，笑了起来。

三个小家伙互相看了看，好嘛！每个人鼻子上都冒出了汗珠，也都忍不住笑了。

“你用过几个书包？”杨浩随口问了一句。

“一个。”

“什么？5年就用了一个！”两个男孩简直不敢相信自己的耳朵。

“那也忒结实了吧！书包……你哪儿买的？”杨浩好奇地问。

“不是买的，是我姑用两块花布缝的。我已经用了4年，只磨了几个小洞，我都自己用布缝好了。”

“厉害！让我猜猜，这个书包你平时不常使吧？”听口气还有些不服气呢。

“净瞎说！我天天都背着它上学，遇到下雨的时候，我就把书包藏在衣服里，紧紧贴着身子，不让雨淋着。回到家，我还会把书包放在纸盒子里。”

听了女孩的回答，两个男孩又低下头不说话了。

“那你有几个书包呀？都是从哪儿买的？”我顺势问起了在北京城里长大的杨浩。

“N 多！多得都数不清了！反正我每学期都要换新的。那些书包有妈妈买的，也有别人送的。有中国的，还有外国的呢。”

“这么多书包！那你是怎么使的呢？”我模仿着他刚才的口吻追问。

“说出来真不好意思！下雨的时候，我就把书包顶在脑袋上，当雨伞；坐在地上的时候，我就把书包塞在屁股下面，当坐垫……特殊情况下，也会拿它当当沙袋。”杨浩红着脸作起了自我检讨。

“好了，还是接着你们的话题聊吧。”我可不想把这次采访变成了检讨会，所以又把“接力棒”传回他们手中。

“那……能看看你的橡皮吗？”

“我没有橡皮。”

“怎么可能？”男孩子又蹦了起来。可是，看到女孩一脸认真的样子，他们不得不信了。

“把我的送给你吧！”杨浩从书包里掏出一块白色的长方形香橡皮交给满菊。

满菊接过橡皮，放在鼻子前闻了闻：哇，好香啊！她于是伸出舌头，想去舔。杨浩突然大叫起来：“Stop！不能吃的，那是橡皮，用来擦错别字的。”

满菊被他吓了一跳，连忙把橡皮紧紧地攥在手心里。

猛然间，我发现两滴泪水从杨浩的眼角边滚了出来……

“怎么了，杨浩？”我摸着他的头问道。

“我真后悔！知心姐姐，”杨浩哭着对我说，“满菊她比我大，可连一块像样的橡皮都没有。而我呢，平时就知道和同学打打闹闹，巨高级的橡皮，都被我切成小块当‘导弹’了！我真的很后悔……”

“你说得对。我们都该向满菊学习！”看着这些孩子，我的心里也是热热的。

谈起自己的愿望，满菊对我们说：“我最大的愿望就是读完初中。但是……家里太穷了，可能……读不起了……所以，我祝愿，我周围的同学都能读完初中！”

听了这句话，我们每个人的鼻子都酸酸的，为她，也为自己。

当采访团的汽车准备离开村子时，我在送行的人群中看到了满菊，她正在向我们挥手。我急忙跳下车，挤到她身边，拉住她的手。

“满菊，好好念书，一定要上中学。为了所有的女孩，也为了咱大别山，一定要争气！学费我给你出，将来考上北京的大学，就住到我家来。”

满菊眼里闪着泪光，使劲点点头，小手却紧紧地拉着我，不肯松开……

回到北京后，我一直惦念着这个大别山里的小姑娘。

一天，我突然收到一个喜讯：满菊来北京了。她是来参加“希望工程”汇报会的。

汇报结束后，罗田县教委主任陪着满菊特意来到了中国少年报社，报社的叔叔阿姨开大会欢迎了她。会上，小姑娘朴实而充满深情的讲话，感动了在场所有的人。

晚上，我又赶到满菊住的招待所，送去一些生活和学习用品：运动衣、保温饭盒、书包、文具……都是半新的。这是儿子用过的，他听我讲了满菊的故事后，非要让我把他最喜欢的东西连夜送来。

临走时，我又塞给满菊 50 元钱，让她给爸爸妈妈捎点北京特产。

一个月后，我收到了满菊写来的一封信。信的第一句话是：

“知心姐姐，我多想喊您一声妈妈呀……”

就这一句，我的泪水一下子涌了出来……

满菊在信中告诉我，爸爸妈妈听说了女儿在北京的经历，一会儿哭，一会儿笑……同时一再嘱咐自己，一定要好好学习，好好报答那么多好心人的帮助。最后，满菊写道：

"知心姐姐，假期我就去山上采草药。您的钱，我一定会还给您的！"

知心对话

面对贫困，你要矢志不移。

有抱负才会有毅力，有毅力才会有行动，有行动才会有成功！

无论上学的道路有多远，无论上学的路上有多难……只要目光远大，胸怀大志，希望的终点便离你不远了！

面对诱惑——有自制才有精神
征服自己，就征服了一切

人生会面对很多诱惑，什么是诱惑呢？我打个比方，我们去采蘑菇，常常会选择那种大而绚丽的，而恰恰这类蘑菇大多都有毒。诱惑——就是华丽而有毒的蘑菇！难以识别，又难以拒绝。这里我讲一个真实的故事。

那年春节真冷。这天，我收到一个中学同学的来信。字写得真棒！苍劲有力，像是字帖。看字如看人，我相信，这个同学的成绩不会差。但是，当我读到信的内容，却被震惊了。

知心姐姐：

您好！

我是个正处花季年龄的男孩，现在一所省重点中学读书。今天早上，我无意间看了中央电视台的一个栏目，从中我认识了您。我和您说的那三个男孩一样，也和女孩子发生过性关系。和他们不同的是，我还有手淫的恶习。其实这个难言之隐，已经在我的心中埋藏了一年多了，我的爸爸妈妈都不知道。

我不愿意也不敢告诉他们，我不止一次地跟自己说："自己酿造的苦酒只能自己品尝，不能殃及别人。"但是，现在我的精神和身体都崩溃了，我实在受不了"慢性杀手"对我的折磨。所以，今天我愿意把所有的事都告诉您。

那是我上初二的时候。我的学习成绩很好，在初一、初二的两年中，我曾两次获得奖学金，多次被评为"三好学生"和"优秀班干部"。但与此同时，我们班的一位女生喜欢上了我，当然那时我还不知道。

在初二学年结束的时候，她给我写了一封"求爱信"，当时我没想那么多，认为她是在和我开玩笑（因为我们班的同学都喜欢乱写"求爱信"）。

放暑假的时候，她让我到她家去玩，也许是好意难却吧，我也就去了。可万万没想到，她的家如同妓院一样，有很多社会上的不三不四的女孩子在看黄色录像。也许是由于青春期男孩子的性冲动，我和她发生了性关系，有了第一次就有第二次，第三次……直到暑假结束。

在初三第一学期期中考试的时候，我的成绩由原来的第一名滑到了19名，当时我一下子呆了，脑子里全是问号。

老师和家长都找我谈话，问我是什么原因，可我却什么也说不出，只知道从初三开学，我的脑子里都是些肮脏的东西。上课时，有一种飘飘然的感觉，期末考试时，我的成绩还是停滞不前。

从那以后，老师和同学对我的态度都变了，爸妈更是不是骂就是打。我一时六神无主，整天心神不定，就染上了手淫的恶习。后来考重点高中时，我落榜了。

在那个时候，我还不知道这到底是什么原因。说实话，我有时真想过自杀。后来，我在一本杂志上看到不良性行为和手淫对身心的影响，我豁然开朗。

从那以后，我发誓改掉所有的恶习。虽然我知道很难，但是我做到了。后来我上了重点高中的高价班。开学的那天，我哭了。我知道爸妈支付了12万元给我上学，这如同割他们身上的肉啊！哎，我真是个混蛋！

高一的一个学期过去了，可我还是成绩平平。我有点力不从心的感觉，整天觉得很累，但我还是拼命地学。其实我不怕吃苦，只要能弥补一切，我什么都不怕。可是还是事倍功半，我绝望了。

知心姐姐（实际上我应当叫您一声卢阿姨），我也曾是个血气方刚的青年，在我心中也有着一个梦。在上小学的时候，我就想当一名警官，来整治这个社会。可是，我现在这样还行吗？我还能放飞我的梦吗？

我现在最感痛心的，就是对不起我的爸妈和所有关心我的人。我方洋（化名）对不起他们。卢阿姨，您说我现在应该怎么办呢？我迫切地需要您的回信，您能给我回信吗？

祝：新春快乐，合家幸福，身体健康，工作顺利！

您的孩子 方洋

读完这封信，说实话，我的心很难平静。

我觉得眼前就是一个掉进深深泥潭的孩子，伸着双手，苦苦挣扎，绝望地等待人来解救。

我坐卧不安，立刻提笔回信：

“方洋，我的孩子……”

但是无论如何我都写不下去。我知道，这个时候方洋最需要的是倾诉，需要把心中的苦闷都倒出来。但是谁能听他倾诉呢？父母、老师、同学，这些平时最亲近的人都不会理解他。因为在他们眼中，方洋是一个好孩子，好学生，怎么会堕落呢？

这时，只有“知心姐姐”亲自去了。

很快，我坐上了南去的火车，但是，专程去目标太大，我以开中学生记者座谈会为名，通知了方洋的学校。第二天下午，方洋单独来到我的房间。

方洋同学身材魁梧，标致而帅气，黝黑的脸上，眼睛大而有神。

“你就是方洋？挺帅的，请坐！”

“知心姐姐，您和电视上一样。谢谢您来看我。我是一个坏孩子，您不嫌弃我吗？”

“谁说你是坏孩子？你对我的信任真让我感动。你可不是一个坏孩子，只是一时陷入困境，我想我会尽力来帮助你。”

“谢谢您！我现在真的很难，我苦闷极了！”方洋眼睛里满含泪水。

“别难过，办法会有的。说说看，到底发生了什么事？”我小心地问他。

方洋讲述了他经历的噩梦。

“第一次去那女孩家的时候，我都傻眼了。一群小女孩围在屋里看黄色录像，她们都穿得很少，还不时发出尖叫。我 14 岁了，可从来没见过这种场面，吓得说不出话来，可我觉得浑身热血沸腾，我控制不住自己就和她上了床……可是，第二天，我又见到了那女孩，她跟没事人似的，和别人又说又笑，好像什么事都没发生。我心里觉得恶心极了，看来她不是第一次了……”讲这段的时候，方洋很痛苦，他接着告诉我，“我再也不想见她，可我经不起她的诱惑，又有了后来的事……”

“她的妈妈知道吗？”我问。

“她妈妈是开酒店的，”方洋很气愤，“这些女孩都是她妈妈招的三陪小姐，她妈是教唆犯！”

“真可恶！天下怎么会有这样的妈妈。”我和方洋一样很气愤，“和女孩发生关系后，你的感觉是什么？是幸福，还是痛苦？”

“我很痛苦，感觉像犯了罪。整天昏昏沉沉，萎靡不振，上课打不起精神，老想睡觉……我也不知道为什么。”

我对方洋说：“别难过，办法会有的。一个男孩子性器官还没有成熟就过性生活，很容易形成器官损伤，还有可能引起性功能障碍。这样，不仅会影响你的身体发育，成年之后还会发生早泄、阳痿和易衰老等病状。所以没有成熟的青苹果是苦涩的，男孩子一定要学会保护自己的‘性特区’。”方洋轻易地过早开始性行为，所以他尝到的是苦果。

“我明明知道这样不好，原想只有这一次，可我为什么控制不住自己又有了第二次、第三次呢？”

“因为你缺少自制力。外面的世界很精彩，但同时也充满诱惑，面对诱惑，有自制力的人会说‘不’。一个‘不’字就能拯救你，但如果选择‘只有这一次’，它就会毁灭你。”

“什么是自制力呢？”

“自制力是一个人内在的强大力量，是一种掌控情绪的能力。不论是谁，只要能有效支配自己、控制自己的情绪和欲望，就能成就大事。你有这样的能力，你看你的信写得多棒！”我热情地鼓励他。

“那我现在应该怎么办？”方洋急切地问我。看得出来，他很想尽快改变自己的现状。

“锻炼。每天坚持出去跑步、运动，让自己振奋起来，让每个细胞精神起来。运动能消除你心中的不良情绪。运动能凝炼你的阳刚之气。过去的事就让它过去，就当是人生的一页翻过去，永远不要再去想，也永远不要再去讲。”

“好！我一定照您说的做！”这时的方洋很激动。

“方洋，你将来想做什么工作？”我换了一个话题问他。

“当警察！”方洋忽地站起来，“我要把那毒害青少年的坏人都抓起来，把那些贩卖黄色光盘的店都关掉！”

“有志气！看你这样子威武得像个警察。”我拍着他的肩，使劲鼓励他，“你一定有希望，好好读书，充实自己。”

“是！”方洋向我敬了军礼，就像一个整装待发的战士。

这时，我像卸下了重担，一下轻松了很多。

我想起了方洋来信的最后三行字：

“17 岁流下的是真真实实、剔透晶亮的‘珍珠泪’，我用记忆的绿线将它穿起来，悬挂着，珍藏在我心中，直到永远。——我唯一的感受。”

这之后方洋给我来信说，他已走出沉沦，重新振作，考上了大学。

知心对话

不要因为美丽而去采摘有毒的蘑菇！面对诱惑，学会勇敢地说“不”！在诱惑面前，学会自制。自制是一个人内在的强大力量，能够控制自己情绪的人，才能成就大事。

你要在这个充满诱惑的社会中立足，就要当好自己的卫兵，为自己把好人生的大门，该做的事，大胆去做；不该做的事，坚决不做。

你征服了自己，就征服了一切。

面对理想——有追求才有希望

农民工子女有志气

2004 年 3 月，我第一次走进北京一所打工子弟学校。

这是我所见过的北京城里最小的学校，只有一个小院，几间教室。

全国少工委的“同在一片蓝天下，手拉手共同成长”活动启动仪式在这里举行。参加活动的有农民工子女和北京左家庄二小的城市少先队员。小小的校园充满欢声笑语，像过节一样。

仪式还没开始，我突然发现一个很神气的小男孩站在教室门前，目不转睛地看着我。

“你叫什么名字呀？”我弯下腰，望着他的眼睛问。

“我叫邓楠辉，邓小平的邓，楠木的楠，光辉的辉！”他的声音异常响亮。

“好威风的名字！你爸爸是干什么的呀？”我又问。

“卖煎饼的！”声音比刚才还大。

“你妈妈是做什么的呀？”

“卖煎饼的！”他神气十足地回答，话语间充满了自豪。

“好样的！我就爱吃煎饼，北京卖早点的，大部分都是像你父母这样进京打工的外地人，过年了，他们一回去，北京人吃早点都不方便了，你父母的工作了不起！”听了我的话，男孩笑了，笑得很甜。

“邓楠辉，你将来想干什么呀？”

“我要当警察！”他不假思索地回答。

“为什么呢？”我好奇地问。

“我要抓小偷！我家被小偷偷过，我爸还被小偷扎了几刀。”他一脸严肃地说。

“原来是这样，了不起！我看你腰板挺得那么直，雄赳赳地还真像个警察！”我的话没说完，他的站姿比刚才更“标准”了。

“你们学校和左家庄二小开展‘手拉手’活动了，你想找一个什么样的城市孩子做你的朋友呢？”我转了个话题。

“找一个警察的儿子交朋友！”他三句话不离警察。

“好哇！我想我可以帮你实现你的愿望。”说完，我拿出几张知心姐姐杂志社制作的功课表和“手拉手友情卡”对邓楠辉说：“你交上了朋友就把这些卡片作为见面礼，签个名送给人家！”我还给他留下我的手机号，神秘地对他说：“这是机密，不能外传，你找到朋友，立刻告诉我！”

邓楠辉使劲点点头，很不规范地敬了个礼，飞快跑回教室。我知道，他准是向同学“显摆”去了。

我立刻找到左家庄二小的辅导员老师。“请你帮个忙，在你们学校找个警察的孩子做他手拉手好朋友行吗？”

“没问题！我们学校有好几个警察的孩子呢。”辅导员热情地答应了。

转眼两个月过去了。“五一”长假，我和先生在商场买东西，突然手机响起。

“喂，是知心姐姐吗？我是邓楠辉呀。告诉您一个好消息，我找到朋友了。两个，一个男的，一个女的，男的比我大，女的比我小。”

“太好了！好好去交朋友吧，多向人家学习。”

“好！”邓楠辉回答，“我旁边还有几个女生要跟您讲话。”

“你把电话交给她们吧。”我说。

“知心姐姐，您好。我们是北京的孩子，是邓楠辉的邻居，他说他认识知心姐姐，我们很羡慕他，我们想知道，我们怎样做才能认识您？”女孩子小声说，好像在探听什么秘密。

“你们去打工子弟学校找一个手拉手好朋友，然后再给我打电话，咱们就可以见面了。”我给她们指出一条快乐交友的路。

再一次见到辅导员老师时，我问起邓楠辉找朋友的事。

他笑眯眯地告诉我，两位警察的孩子很高兴做邓楠辉的朋友，两位当警察的爸爸对孩子交朋友的事也十分热心，还特意安排邓楠辉当了一天真警察，穿着警服，坐着警车，跟着警察去巡逻，可把邓楠辉美坏了！

期末，邓楠辉给我写来一封信，告诉我一个好消息，他考了全年级第三名。

“祝贺你，未来的警察！”电话里我对邓楠辉说，“当现代警察可不容易呀，不光要勇敢，更要智慧，抓小偷也需要高科技呀。”

“知道了，我一定会好好学习，我一定要当警察，您就等着瞧吧！”

一个农村孩子的梦想，让我想起了另外一个小男孩的故事。

有一个只有几岁的小男孩独自在洒满月光的后院里玩耍。年轻的妈妈在厨房里洗碗，不断听到儿子蹦蹦跳跳的声音，觉得很奇怪，便大声问他在做什么。儿子天真地大声回答：“妈妈，我想跳到月球上去！”年轻的妈妈没有责怪儿子不好好学习，只知道瞎想，而是说：“好啊！不过一定要记得回来哦，不然我会想你的。”

这个小男孩长大以后真的“跳”到月球上去了，他就是人类历史上第一个登上月球的人——美国宇航员尼尔·阿姆斯特朗。他登上月球的时间是 1969 年 7 月 16 日。

眼前的邓楠辉也和尼尔·阿姆斯特朗一样，是个充满幻想的孩子。虽然我不知道他将通过什么方式去实现自己的理想，但我明白一点：有理想才会有希望。

还有一个故事让我感动。

有个叫布罗迪的英国教师，在整理阁楼上的旧物时，发现了一摞25年前的练习册。它们是皮特金中学B(2)班31位孩子的春季作文，题目叫“未来我是____________”。

布罗迪随便翻了几本，很快被孩子们千奇百怪的自我设计迷住了。比如：有个叫彼得的学生说，未来的他是海军大臣，因为有一次他在海中游泳，喝了3升海水，都没被淹死；还有一个说，自己将来必定是法国的总统，因为他能背出25个法国城市的名字，而同班的其他同学最多只能背出7个；最让人称奇的，是一个叫戴维的盲学生，他认为，将来他必定是英国的一个内阁大臣，因为在英国还没有一个盲人进入过内阁。总之，31个孩子都在作文中描绘了自己的未来。有当驯狗师的，有当宇航员的，有做王妃的……五花八门，应有尽有。布罗迪本以为这些练习册在德军空袭伦敦时被炸飞了，没想到25年来，它们竟安然地躺在自己家里。

布罗迪读着这些作文，突然有一种冲动——何不把这些本子重新发到同学们手中，让他们看看现在的自己是否实现了25年前的梦想。当地一家报纸得知他这一想法，为他发了一则启事。没几天，书信向布罗迪飞来。他们中间有商人、学者及政府官员，更多的是没有身份的人。他们都表示，很想知道儿时的理想，并且很想得到那本作文簿，布罗迪按地址一一给他们寄去。

一年后，布罗迪身边仅剩下一个作文本没人索要。他想，这个叫戴维的人也许死了。毕竟25年了，25年间什么事都有可能发生。

就在布罗迪准备把这个本子送给一家私人收藏馆时，他收到内阁教育大臣布伦克特的一封信。他在信中说，那个叫戴维的就是我，感谢您还为我们保存着儿时的理想。不过我已经不需要那个本子了，因为从那时起，我的理想一直在我的脑子里，我没有一天放弃过。25年过去了，可以说我已经实现了那个理想。今天，我还想通过这封信告诉我其他的30位同学，只要不让年轻时的理想随岁月飘逝，成功总有一天会出现在你的面前。

这个故事让我十分感动，我不由想起一个小姑娘实现理想的人生历程。

几十年前，一个10岁的小女孩悄悄给《中国少年报》“知心姐姐”栏目写了一封信，没想到竟然收到了“知心姐姐”的亲笔回信。这小小的成功让她一下子迷上“知心姐姐”，并且产生了“长大我也当知心姐姐”的美好梦想。她照着报上“知心姐姐”的样子梳起两个小辫子，脸上挂上了不落的微笑，当起了同学们的“知心姐姐”。

上中学时，她立志报考中国人民大学新闻系，梦想毕业后去中国少年报社当记者，当“知心姐姐”，可是高中毕业时，“文革”开始了，大学的校门关闭了。她离开北京，离开父母，去东北农村插队落户当农民，独闯天下整10年，任凭风雪严寒，那颗理想的种子却始终深深埋在她的心中。

最后，她如愿以偿，走进了中国少年报社的大门，当上了“知心姐姐”栏目的主持人。如今，她仍然热爱着知心姐姐”的事业。当她获得中国新闻出版者的最高奖——“韬奋新闻奖”时，她流泪了，觉得自己是天下最幸福的人，因为自己从事了天下最有魅力的事业。

这个小姑娘就是我。

所以，我始终相信，有理想就会有希望，有经历就会有财富，有追求就会有成功。人生都是自己创造的，脚下的路都是自己走出来的。

少年时代是播种梦的季节，有理想就会有希望。信念是一支火把，它能最大限度地点燃一个人的潜能，引导他飞向梦想的天空。异想天开的梦想常常会成为人生的目标。

有一句话说得好：人的生命是在停止追求的那一刻结束的。只有锁定目标，生命才会放出异彩。正如高尔基所说：“不知道明天做何事的人，是很不幸的。”目标对成长中的你更加重要，无论你的家境如何，少年时期，如果树立起人生的目标，就犹如在心中播种了一个太阳，一个给人希望、给人力量的太阳，它会把你带到光明的世界。

知心对话

面对理想，你要牢牢抓住，别让它跑掉，当夜幕降临，仰望星空，你可以尽情遐想，假如我的梦想能够实现，我将会多么幸福，多么幸运！

面对理想，你要马上行动，别只想不做。当太阳升起的时候，你要明白今天干什么。一个个小目标的实现，一次次成功的体验，才是通往梦想的天梯。

面对失足——有行动才有前途

冰雪正在融化

跑步摔倒了，你可以爬起来；解题错误了，你也可以重新算过。可是，人生路上一旦失足，就会给自己和家人造成极大的伤害，带来终身的痛苦和悔恨。然而，面对失足，就从此一蹶不振了吗？当然不能！

冒着江南的寒风，我又一次踏进了浙江省未成年犯管教所。高墙内，有我始终牵挂着的人——徐力。

我永远不会忘记，第一次见到徐力时的情景。

那天，天阴沉沉的，正下着朦朦细雨。我沿着一段石板路，生平第一次走进了看守所——浙江省金华市看守所。

在一间光线很暗的屋子里，我第一次见到了徐力。就是这个刚满 17 岁的少年，因为承受不了母亲的重压，竟然失去理智，杀死了自己的亲生母亲！可是，看着眼前这个瘦弱高挑、脸庞白净、表情平静温和的大男孩，如果不是他手腕上的钢铐，无论如何我都不能相信，他会做出这样的事情。我们面对面坐着，离得很近。

“小时候，你读过《中国少年报》吗？”我轻声问他，想借此唤起他童年的记忆。

“读过。”

“那你知道‘知心姐姐’吗？”金华市少工委副主任施彩华女士接着问道。

“知道。”

“现在和你说话的这位阿姨就是‘知心姐姐’。”听到这句话，徐力忽然抬起头望了我一眼，眼里闪过一丝惊喜和友好。这一刻，我看到的是一双大大的、纯净明亮的眼睛！

我们谈了 100 分钟，没有人打扰。

徐力谈到母亲过高的期望怎样变成了绝望，谈到自己对母亲的爱又是怎样变为了怨恨，更谈到了自己内心世界的寂寞和苦闷，以及对沟通和理解的强烈渴望……

那次交谈，使我的心灵第一次受到如此强烈的冲击和震撼！

血淋淋的事实让我看到，不适当的家教、不正确的心态，会在一个孩子的心灵世界里结下多么厚重的冰层。而这一切葬送了一个花季少年美好的青春年华，也结束了一个艰难的、深爱儿子的母亲的生命历程！

当时，我就下定决心：一定尽自己的全力，拯救徐力的心灵，使他走出罪恶的深渊，重新扬起生命的风帆，同时也帮助千千万万绝望的孩子打破心头郁积的冰坚。我要让天下的父母和孩子们都相信一个事实：亲情的阳光足可以融化一个人心中的坚冰；一时迷失的孩子只要通过努力，就能改变自己的命运！

后来，徐力被判处有期徒刑 12 年，转入浙江省未成年犯管教所服刑。

之后，我到金华市组织了全国“知心家庭学校”现场推进会，会后专程绕道前往杭州少管所看望徐力。

听完少管所警官的介绍后，我又和徐力进行了一番长谈。通过这次交谈，我不难看出他对读书学习的渴望，更看到了他改正错误、积极面对未来的坚定决心。我真的很高兴。

临走时，我把事先买好的毛衣、袜子和水果塞进他手里。徐力又惊又喜，连声说“谢谢”。警官悄悄告诉我，每当别的学员的妈妈来看儿子时，徐力的眼中都是噙满泪花……

“是啊，他没有妈妈了！以后我要经常来看望他。”我这样对自己说。

那一次，我还特意和徐力并排照了一张照片。照片上，徐力的脸上又露出了甜蜜的微笑。过年，我收到了徐力送给我的新年礼物——一封长长的信。

……当我时隔半年在少管所再次见到您时，除了惊讶，更多的是感到激动。惊讶的是我没想到您会不辞辛劳来看我这个失足少年，激动的是我终于又见到了心目中的知心姐姐！

……我就是因为没有找到与父母沟通的正确途径，所以才酿成了今天的悲剧。我真的不想让这种悲剧重演。所以，我希望“知心姐姐”能把我的亲身经历告诉天下所有的父母和孩子们，这也是我现在唯一的心愿。

……知心姐姐，新年将至，我希望您全家幸福美满，也希望所有的人都拥有一个幸福的家庭。

读这封信时，我真切地感觉到：冰雪已经开始融化了。

后来，我又接到一个好消息：少管所把一个成人业大的报考名额给了徐力。我立刻买了一件红色的T恤赶去杭州看望他。后来，他打电话告诉我：考试那天，他穿上了那件红T恤。

我参加全国更新家庭教育观念报告团时，路经杭州，便邀上全国著名的少年法庭法官尚秀云妈妈一起去看了徐力。尚妈妈的教导，更是给了徐力极大的鼓舞。那天，他流着泪对我们说：“现在我才明白，天下的母亲都爱孩子！”

当时听了这话，我落泪了。

我想：当一个19岁的儿子开始真正理解妈妈的时候，却已经永远失去了妈妈。这该是多大的悲剧啊！爱和恨，就像翻动一页纸：爱变为恨，只是一瞬间的事；而恨变为爱，却可能要付出一生的代价，甚至是生命……

后来，我又去看过他两次。

这一次来到少管所，我恰巧见到了徐力的父亲。在少管所院内的花坛边，我和徐力及他的父亲，就站在寒风中交谈起来。

“徐力，你真的长高了。到这儿来快有 5 年了吧？”我端详着眼前这个清秀的男孩问。

“是啊。”

“那能不能对我说说这 5 年中你有哪些变化呢？”

“第一个变化是性格变了。”服刑生活的磨炼让徐力讲起话来越发有条理了，“我以前比较内向，什么事都埋在心里，不愿意跟家里人讲。现在有了什么想法，遇上父亲来了就和他讲，父亲没来就和警官讲，甚至包括跟我住在一起的犯人，有时也对他们讲讲心里话。这样一来，我觉得性格变得比以前活泼多了。”

“这很重要！因为你学会了表达。”我高兴地说。

“第二个变化，是学会了如何面对压力。说真的，以前自己之所以会犯罪，就是因为不知道怎样面对压力。一心想逃避，却不懂得想方设法去面对它、挑战它。现在，我已经知道该怎样给自己减轻压力了，还能想办法让压力变为动力，朝着好的方向转化。”徐力讲得很流畅，看得出，他的体会很深。

“哦，真的吗？那你都学会了什么样的减压方法呢？”

“一句话：让心胸更加开阔，积极地面对压力。”说完这句话，徐力笑了笑，“以前，我特怕学习，主要是因为怕学不好爸妈会骂我。到了这里，少管所给我机会，让我参加自学考试。刚开始时，我也怕考不好，辜负了大家的期望，所以感到压力很大。后来，通过警官、爸爸和您的帮助教育，我才逐渐懂得：学习是为自己学，不管能不能取得好成绩，学到的知识就是自己的。只要用心去学，就算这次没考好也没关系，下次再来嘛，有的是机会。所以现在，遇到挫折我也不会气馁，更不会一味埋怨自己。而是会自己认真总结，为什么这次没能考好。一旦找到了原因，自己就能做得更好，以后争取发挥更好的水准。”

“太好了！你能这样做，真是了不起！”我为他的领悟感到由衷的高兴，“除此之外，你还有别的什么收获吗？”

“应该是学会了与人沟通。以前自己会走到这一步，还有一个重要原因是不会与父母沟通。到这里以后，经过警官的教育，我才明白与人沟通其实是很简单的一件事情。而且沟通好了对自己的帮助蛮大的，可以使自己变得更加开朗，更好地面对各种各样的问题。”

“听了孩子的这些介绍，您是不是也感到挺欣慰的？”看到徐力的父亲不住地点头，我于是问他。

“可不是嘛！这几年，通过大家的帮助教育，徐力真的比以前开朗多了。过去，他不愿意跟人讲话，很自闭的。可现在，大家的话他基本上都能听得进去。而且，他有心事就打电话对我讲，要是换作以前，这是绝对不可能的。”

“我听说，你现在当上了小组长，有这回事吗？”停了停，我还是问徐力。

“是的。”

“那你这个‘官儿’管几个组员啊？”

“二十几个。”

“嗬，真不少哩！”

“您都看到了吧，徐力不但拥有了独立生活的能力，对问题的看法成熟多了，还有管理能力了。”我禁不住高兴地对徐力爸爸说。

“看到了！全都看到了！孩子不但性格变了，生活能力也比以前强多了！”徐力爸爸的目光中流露出无限的欣慰和少许的悔恨，“唉！如果能早几年看到你们的节目，我们也许就会多找孩子沟通沟通了。假如，他妈妈也能早一点看到，相信对她也会有所触动，想法也会慢慢转变的，会和孩子交朋友，尊重孩子的个性、观点……这样的话，对大家都有好处……”

送我离开时，徐力还高兴地告诉我：由于表现良好，他的刑期已经减少了 4 年；如果能够再减两年，他很快就可以走出高墙了！

“将来出去后你打算做些什么？”我关心地问。

“创办一个公司，独立干一番事业！”嗬，小家伙的“野心”还真不小哩。

“你很有志气！”握住徐力的手，我动情地鼓励他说，“不过，要想干大事，必须从头做起。应该先学学人家怎么办，然后才能开创自己的新天地！人就跟车一样，装的油越多，走的路就越远；装的油不够，走半道肯定就会熄火。所以，你在这里还有几年的时间，就应该抓紧宝贵的时间，多学一些知识和技能丰富自己。人生的路还长着呢！改变命运全靠你自己！”徐力用坚毅的目光回答我：“我能行！您放心！”

那年春节，我收到了徐力寄来的拜年信，信中夹着他亲手编织的中国结。我想，这红红的中国结一定代表了他对未来浓浓的希望。

此时，我想起从书上看到的一段话：是失败使骨头坚硬！是失败化软骨为肌肉！是失败使人不可征服！

现在，我要把这句话转送给徐力，也转送给所有的年轻朋友。不要因一时的冲动，酿成一生的痛苦和悔恨。更不要因一时的失足，便轻易放弃对理想和幸福的追求。

知心对话

面对失足，你必须要有“从头再来”的勇气和行动。

悔恨自己做了错事，这就是人生新的开始。“悔恨”与“知道”，都可以称为“我能行”。现实中，徐力已经扬帆起航。“我能行”，相信你也可以做到！

chapter 3

我帮你改变情感就改变了生活

面对伙伴——需要帮助更需要真诚

人生第三课：我帮你

两只蚂蚁相遇，只是彼此碰了一下触须就向相反的方向爬去。爬了很久之后突然都感到遗憾：在这样广大的时空中，体形如此微小的同类不期而遇，“可是我们竟没有彼此拥抱一下”。

是的，不应该再有这种遗憾了。可是，什么时候，我们才能碰见几个可以拥抱一下的朋友呢？

朋友的“朋”字是个象形字。在汉字中，和身体有关的字大都使用“月肉旁”，比如肝、肺、肚、肠、腿、脚、臂、膀。所以，“朋”字可以看成是两个人的身体并排站在一起，足见朋友的亲密程度。

朋友如歌，有歌唱的人生是美妙的，有朋友的人生不会寂寞。

那么，你有朋友吗？你知道怎样才能结交好朋友吗？我给大家讲一个故事。

郭留锁是一个生活在城市里的男孩子，就读于江西赣州浜江第一小学。

叶金的爸爸是个农民，所以叶金从小在农村长大。爸爸进城打工，叶金也跟着进了城，和郭留锁在同一所学校里读书。可是，他非常自卑内向，和谁都不说话。

学校开展“手拉手”互助活动后，激起了留锁的好奇心。他怀着对乡村生活探究的浓厚兴趣也报了名，并和叶金结成了一对“手拉手”互助小伙伴。

留锁从来没和农村孩子交过朋友，于是就向老师请教，向父母咨询。从大人的话语中，他牢牢记住了交朋友的六字箴言：真心、诚心、热心。

于是，他经常主动去接近叶金。可是，叶金却总觉得自己与城里孩子合不来，因此对留锁也没有太多的话说。

有一天周末，留锁去叶金家帮他辅导功课。一进屋，他就看到叶金的房间里乱七八糟。于是，留锁就一边提醒叶金“要学会自己整理房间”，一边主动说“来，让我帮你收拾”。说完，他和叶金一起动手整理了房间。临走时，他还热情地邀请叶金去自己家做客。

第二天，叶金真的来到了留锁家。

看着叶金脱掉脏兮兮的布鞋，换上干净的拖鞋后。留锁发现，叶金的小脚丫居然也是黑黑的，指甲又黑又长，上面满是污垢。

留锁不禁轻轻地皱了皱眉，真想马上就带叶金去卫生间清洗。可他转念又想：不行啊，如果自己现在就这样做，很可能会伤害了朋友。还是等会儿见机行事吧。

“快请屋里坐！”留锁很有礼貌地请叶金到客厅坐下，倒好茶，又端出糖和水果。

俩人聊了一会儿，留锁便带叶金去自己的房间玩电脑，同时把在学校上微机课时学过的知识又帮叶金巩固了一下……

眼看快要吃午饭了，留锁便拉上叶金一块去卫生间洗手洗脸。

洗着洗着，留锁故意惊讶地叫起来：“哎呀，我们家的地板没擦干净，把脚都弄脏了。咱们顺便也洗洗脚吧！”说完，他就脱掉鞋，认真地清洗起来。

叶金看到了，也脱下拖鞋。可这时他才发现：自己的脚比人家的地板还脏！他立刻觉得很不好意思，心想留锁该不会笑话我吧？

哪知道，留锁却笑眯眯地看着他说：“来，我帮你洗。要不，咱们用小刷子试试？”

叶金不好意思地点点头。于是留锁蹲在地板上，用小刷子一点一点将叶金脚丫上的泥垢都“请”了出来。

接着，小哥俩坐到客厅的沙发上，各自还把指甲剪短了。

看看自己干净的小脚丫，叶金开心地笑了。他从内心觉得：人家留锁是真心实意想和自己交朋友。他还发现，自己和留锁的距离一下子拉近了。于是，他的话匣子打开了，给这个城里朋友讲了许许多多陌生而好玩的农村趣事……

2004年“六一”节，“同在一片蓝天下，我们从小是朋友”活动在北京隆重举行。郭留锁和叶金作为活动代表，与全国30对已经结成对子的“手拉手”小伙伴一起来到了北京。更让他们高兴的是，党中央总书记胡锦涛爷爷亲自接见了他们，还听取了他们的事迹汇报呢！

趁身边没人的时候，我故意问留锁：“叶金那么脏，难道你就从来没有嫌弃过他吗？”

留锁悄悄地告诉我：“其实，开始时我也不习惯。可等我去了他家后才知道，叶金爸爸是个城市拾荒者，也就是捡破烂的。虽然他自己的家脏了，可是我们的城市却变得干净了。说真的，我挺佩服他爸的。所以，哪怕叶金家再脏点、差点，我也能理解。”

听了这个小故事，也许你会说：“这种事也太普通了，一点也不惊天动地，只不过是件小case罢了。随手划拉划拉，就能一抓一大把。”

但是，不知你想过没有？我们的日常生活，不正是由一件又一件的“小事情”组成的吗？

美国散文作家、诗人爱默生曾经说过：“找到朋友的唯一办法就是，自己首先成为别人的朋友。”所以，交友，需要真心；助人，需要实意。

当你捧着真心去交朋友，不嫌弃别人，不抬高自己时，你就会发现，周围多了许多真正的朋友。因为，只有真诚才能换来真正的友谊。

当你全心全意去帮助一个人，不图利益、不图回报时，你才会发现，帮助人是一件多么快乐的事。因为，在帮助别人的过程中，充分体现了你的人生价值。

“来，我帮你！”这朴朴实实的4个字，表达了多么深厚的爱。这种爱的表达，在另一个男孩身上也得到了完美的体现。

这是一位母亲亲口讲述的故事：

7岁的儿子终于上小学了。可老师却打来电话告诉她，这孩子几乎每个课间都要去卫生间，而且每次都会耽误下一堂课。妈妈的心揪了起来，以为儿子尿频的病又犯了。

一天，儿子过生日，全家人一起去餐馆庆祝。餐馆老板当场宣布，要送给当天过生日的三位小寿星每人一份生日礼物。可是，三份礼物是不一样的。儿子的眼睛一直盯着一支蓝猫玩具枪，那是他梦寐以求的玩具。

老板随后表示，他将提一个问题，回答最好的孩子，可以第一个挑选自己喜欢的礼物。

其实，老板提的问题十分简单："你的理想是什么？理由又是什么？"

儿子偷偷地笑了，眉宇间是藏不住的得意。他认为自己一定能赢得一片掌声，赢得第一个挑选礼物的权利。

第一个孩子说，他要当一名警察；第二个孩子说，他要做公安局长。大家都为他们鼓了掌。轮到儿子了，只见他站起来，烛光如花朵般洒在他的小脸蛋上。那一刻，小小的餐厅里显得异常安静。

儿子用清脆的童声说道："我的理想，是永远和安锐一起上厕所。但是理由，我不会告诉你们。"

哄笑声，惊呼声，大人们惊诧的目光、交头接耳的议论，家人尴尬的脸色，一些前来用餐的孩子边笑边做着鬼脸，其中一个还大声地喊道："他脑子进水了？有病吧！"

可怜的儿子，此刻还没有把目光从蓝猫枪上收回来。

直觉告诉男孩的妈妈，一定要以最快的速度带着儿子离开这里。不是因为害怕丢脸，而是因为他才刚刚7岁。他有权说愚蠢的话，有权做愚蠢的事。但是，任何人都无权伤害他。

妈妈领着男孩迅速离开餐厅，走进了那片深秋的树林。这里没有嘲笑，也没有伤害，有的只是满地落叶铺成的一条金黄的路，圣洁而美好。

“妈妈，你还记得安锐吗？我幼儿园的同学。”男孩握着妈妈的手说。

妈妈当然记得。三年前，安锐从五楼的阳台上跌下来，伤得很重。媒体对这件事做了大量的报道，许多人都自发地到医院去捐款……安锐父母流泪的大幅照片，至今还印在妈妈的脑海里……

随后，男孩又告诉妈妈：安锐现在还是自己的同学，但那次意外给安锐留下了严重的后遗症——两条腿软弱无力，上厕所的时候，只能跪着方便，而且每节课间都要去趟卫生间。班里有许多同学都要帮助安锐，可安锐却无法忍受老师在表扬这些同学的同时，总是要提到“上厕所”这几个字。安锐感到非常羞耻，就恼怒地拒绝所有人的帮助。最后，只有自己向安锐保证，永远替他保守秘密，不要表扬，不要小红花，不要奖状……这样安锐才肯答应接受自己的帮助。

妈妈终于知道了，儿子的身体没有病。妈妈也终于明白了，为什么每次一起出去散步时，儿子总要搀扶着妈妈，尽管妈妈并不老。原来，他就是这样天天搀扶着安锐，已经养成了习惯……

妈妈领着男孩，一家一家玩具商店去搜寻蓝猫枪。可走遍了整个城市，他们最终还是没有找到……妈妈握着男孩的手，心中充满了歉意。但同时，她却非常骄傲：因为从儿子那里，她得到了一个母亲所能得到的最贵重的礼物。

听了这些故事，相信你一定知道了应该怎样去获得友谊，怎样去帮助别人，又怎样让别人乐于接受你的帮助。

秘诀就是两个字：真诚！

知心对话

面对伙伴，最需要真诚。

在这个世界上，没有什么比真诚的友谊能够带给我们更多的帮助、激动和快乐！

财富不是一辈子的朋友，朋友却是一辈子的财富。

用真诚相待，才能换来真心朋友。

面对快乐——需要感受更需要分享

学会分享，就拥有了快乐

如果问你：“橘子为什么会长成一瓣一瓣的？”你也许会回答说：“因为它就是橘子，这是大自然的杰作。”当然，这种回答正确得无可挑剔。但是，当你听完下面这个故事后，你一定会有一些新的感悟。

一个春天的下午，太阳暖洋洋地照着。街心花园里，有这样一对母女：小姑娘可能只有3岁，穿着一身鹅黄色的衣裙，头上戴着一个大大的蝴蝶结，正跌跌撞撞地跑来跑去，兴奋快乐地追逐着低飞的花蝶。年轻的母亲则静静地坐在旁边的长椅上，微笑着注视着女儿的一举一动……

渐渐地，小女孩头上的蝴蝶结有些松动了，苹果般红扑扑的脸蛋上沁出了细细的汗珠。细心的妈妈看到了，心疼地叫道：“囡囡，快过来，让妈妈帮你系系蝴蝶结。”

为女儿重新系好蝴蝶结后，妈妈又轻巧地把一个剥开的橘子放到她的手掌上。“先吃完这个橘子，然后再玩吧。”

小姑娘没有马上吃，而是把这个橘子捧在手心里举起来，对着阳光，眯起眼睛来仔细地看。突然，她好奇地问妈妈："为什么橘子是一瓣一瓣的？"

妈妈愣了一下，想了想，就笑着说："你再好好听听，这个橘子不是正在告诉你：'我长成这个样子，就是希望你能和大家一起来分享我，而不是一个人自己吃哦'"。

小姑娘似懂非懂地点了点头，然后又捧起橘子细细观看。很快，她就从上面掰下最大的一瓣，踮起脚塞进了妈妈的嘴里。然后，又高举着那个橘子，向着坐在不远处的一对老夫妇跑去……

在我们的日常生活中，类似的情形可能都见到过。如果要求大家给这个场景取一个名字，相信用得最多的一个词就是：分享！

"分享"也是我家的"传家宝"。记得小时候，由于家里兄弟姐妹多，东西又不像现在这样富足，所以有了什么好吃的，都要大家一起分享。一个瓜切开，每人一牙。一个橘子剥开，每人一瓣……分着吃，抢着吃，这样吃起来觉得更香。慢慢地，家中每个人都习惯了分享。后来长大，结婚，各自成家，可"分享"的习惯却没有因此而改变。谁家做了什么好吃的，依然忘不了和兄弟姐妹们分享。

至于我嘛，只能是尽量地奉献我的作品了。"卢勤，再给姐拿 10 本《告诉孩子，你真棒！》好吗？我们医院里的大夫都冲我要呢！"接到大姐的"命令"，我立马如数送上，心里觉得特有成就感。大哥从海外回国探亲，一进屋就会说："在国外，我身边的中国人都听说了，我妹妹写了几本书，都想要。你能不能多给几本，让我带回去。"这样一来，书白送了不说，我还很得意自己为祖国争了光呢。就这样，"分享"成了凝聚家人的力量。

不光我们兄弟姐妹懂得分享，习惯分享，乐于分享，就连我的儿子也是从小在"分享"中成长起来的。

小时候，他发现姥爷每次炒出香喷喷的菜后，总要先用小盘盛出来一些。

“姥爷，为什么要单独盛出来一盘呢？”他好奇地问。

“留给你妈妈呀，她还没有下班呢！”姥爷说着，同时把饭锅盖严，“悦悦，你盛过饭后要记得把盖盖紧，不然等你妈回来饭就凉了。”儿子仔细一看，发现留下的菜又多又好。

有一次，他神神秘秘地跑来告诉我：“妈，我告诉你一个秘密吧。在姥姥家，谁晚回家吃饭谁合适。”

“分享”，对于幼小的他原本是一种“新发现”，到了后来，习惯变成了自然。

儿子上幼儿园时的一件小事我至今难忘：“六一”联欢会上，老师发给每位小朋友一份节日礼物——两块巧克力。

拿到巧克力，儿子就飞快地跑来找我：“妈妈，礼物分你一半！”说完，把一块巧克力塞在我手中。

“好，谢谢你！”当着他的面，我立刻把巧克力放进嘴里，“好吃，好吃，真好吃。”

儿子乐着跑回座位。

我身边的一位妈妈羡慕地说：“看你多幸福啊！你瞧见前面那个胖小子了吧，就是我儿子。你看他一个人吃得多香啊，居然瞅都不瞅我一眼。”听了这话，我觉得儿子懂事了，懂得了分享。

很快，儿子上小学五年级了。记得一个周末的下午，我正在单位加班。儿子突然从姥姥家打来电话：“妈，您今天下班回姥姥家好吗？有好事，您早点回来。”

“哎！”我答应得特痛快，手里加快了干活的速度。

一个小时过去了。“妈，您怎么还不回来呀？”儿子又打电话来催了。

我抬头一看表，快 7 点了。“好，我很快就回去。有什么好事呀？可不可以先透露透露啊？”“我不告诉您，等您回来就知道了。”嘿，儿子居然还卖关子。

时间飞逝，又一个电话打来，活还没有干完……

等我回到家，天早就黑了，儿子已经睡了。“你这儿子真没白疼，”母亲说着，把我领进厨房，“你看看，这是你宝贝儿子亲自下厨炒的黄瓜虾仁。

他一直等着你回来，想和你一块吃，可你老不回来。你看，都给你留出来了，全是大虾仁。小的他自己吃了。”

看着儿子的杰作：一小碗虾仁，每个虾仁的脖子上套了一片黄瓜。整道菜竟然五彩缤纷，白色、粉色、绿色。真美！想象得出，儿子在制作这道菜时是多么用心。他是想和妈妈共同分享这艺术的杰作。

12 岁的儿子，以一颗与人分享快乐的爱心，亲手制作了这份礼物，并以“家传”的分享方式，留下了他一份小小的心意。我充分感受到了，一个幼小的心灵，诚挚地乐于把自己创造的快乐，无偿地奉献给别人。

品尝着儿子炒的菜，又甜又咸。甜的是虾，咸的是我的泪水……

这就是——分享。

记得日本作家森村诚一说过：“幸福越是与人分享，它的价值便越会增加。”所以说，“分”的人是幸福的，因为他实现了自己存在的价值；“享”的人是快乐的，因为他感受到了真爱和友谊。

曾经有个男孩子对我说：“我不快乐！虽然我家有两个保姆，上百本图书和数不清的玩具。可是，我就是不快乐。”

于是我就问他：“你把这些书分给没有书的小伙伴看过吗？”

“没有。”

“那你把那些玩具分给别人玩过吗？”

“也没有。”

“你的压岁钱用来帮助过有困难的同学吗？”

“更没有了。”

“所以你不快乐！”我这样对他说，“如果你能把这些东西拿出来和别的伙伴分享，快乐自然就会来到你的身边。”

当他和妈妈听完我的报告，了解到贫困地区有许多爱学习的孩子没钱买课外书时，他真的很吃惊，就和妈妈一起捐出一万块钱，要求为五所农村小学建立“手拉手”书屋。

我亲自将这些“希望图书”送到安徽省阜阳市，郑重地交到五所农村小学校长的手中，同时反复叮嘱他们，一定要让看到书的农村孩子把自己的感受写给那个男孩。

几个月之后，男孩真的收到了上百封农村孩子的来信，男孩的校长惊讶不已，以为这个男孩干了什么惊天动地的“大事”。

在这些信中，农村孩子对城市男孩表达了最朴实的感谢，说他们从来没有看到过这么多的书，还说这些书让他们产生了许许多多美丽的梦想，给他们带来了不曾有过的快乐，更说他们一定会好好读书……

男孩被感动了！他忽然觉得，自己是多么重要，自己的这些书是多么神奇。

慢慢地，男孩变得快乐了。他还和妈妈商量好，每年都要省下一些钱来捐书，送给山里的孩子。第二年，他又捐了一千册书……

知心对话

分享是快乐的大门，学会分享，你就进入了快乐城堡。

独享是痛苦的大门，只去独享，你就走进了痛苦的泥潭。

当你学会了分享，你就拥有了快乐！

面对弱者——需要同情更需要理解

将心比心

女孩 A，看见家境贫寒的女孩 B 呆呆地看着自己的漂亮文具，便当众抽出自己心爱的花杆笔：“你没有，送你吧！”

可是，女孩 B 一让再让，怎么也不肯收下。“我有，我有，我只是看看。”

女孩 A 很纳闷：她明明没有，为什么要说有呢？

你是不是也有同样的问题。你常常主动帮助有困难的同学，可是他却拒绝你的帮助，你百思不解：我好心帮他，他为什么不领情？

我给你们讲个故事吧。

一个初春的假日，妈妈在储物间整理家人的冬衣。9岁的安娜趴在不远的窗台上，兴致勃勃地向外张望，不时地告诉妈妈院子里又开了什么花。

妈妈无意中发现，安娜的羊绒大衣两侧的口袋里各有一副手套，两副手套一模一样。

“安娜，是两副手套叠起来用才够保暖吗？”妈妈不解地问。

“不是的，妈妈。它暖和极了。”安娜扭过头来看了看手套，明媚的阳光落在她微笑的小脸蛋上，异常生动。

“那为什么要两双呢？”妈妈更加好奇了。

安娜抿了抿小嘴，认真地说：“其实是这样的，我的同桌翠丝买不起手套，但她宁愿长冻疮，也不愿意到救助站领那种难看的土布大手套。平时她就敏感极了，从不接受同学无缘无故赠送的礼物。妈妈给我买的手套又暖和又漂亮，要是翠丝也有一双就不会长冻疮了。所以，我就买了一副一模一样的放在身边。如果装作因为糊涂而多带了一副，翠丝就能欣然地戴我的手套了。”安娜清澈的双眸像阳光下粼粼的湖水。“今年翠丝的手上就不会生冻疮了。”

妈妈欣慰地走到窗边拥抱了自己的小天使，草地上一丛丛兰花安静地盛开着，又香，又暖。

你们想想，安娜为什么要买两副一模一样的手套，而且装作因为糊涂而多带了一副呢？因为安娜知道，一个家境贫寒的孩子和家境优越的孩子在一起时，她需要的不仅是物质上的帮助，更是精神上的尊重。女孩A当众送给女孩B礼物，会让女孩B觉得自己很没有面子，所以谢绝女孩A的好意。安娜想到了这一点，巧妙地让翠丝戴了自己的手套。

我们想要帮助别人，常常出自同情、怜悯，而忘记了“理解与尊重”。

对弱者的心，你了解多少呢？

有一家店铺门口挂了一则广告，写着“出售小狗”。

这则广告吸引了很多孩子，有个小男孩问店主：“小狗卖多少钱呢？”

“30至50美元不等。”

小男孩在口袋里掏了半天。“我有2.37美元，请允许我看看它们，好吗？”

店主笑了笑，吹了声口哨，一位女士跑了出来，身后跟着5只毛茸茸的小狗。其中有一只远远地落在后面。

小男孩立刻发现了那只落在后面一跛一跛的小狗。“那小狗有什么毛病呢？”

店主解释说，那只小狗没有臀骨，所以它只能一拐一拐地走路。

小男孩说自己想买下那只小狗。

店主说：“如果你真的想要那只小狗，你不用花钱买，送给你好了。”

小男孩一下生气了，瞪着店主。“我不需要你送给我，那只狗和其他狗的价值一样，我会付你全价。我现在付2.37美元，以后每月付50美分，直到付完为止。”

店主劝他说：“你真的用不着买这只狗，它根本不可能像别的狗那样又蹦又跳地陪你玩。”

听到这话，小男孩弯下腰，卷起裤腿，露出一只严重畸形的腿。他的左腿是跛的，靠一个大大的金属支架撑着。

他看着店主，轻声说道：“你看，我自己也跑不了，那只小狗需要一个能理解它的人。”

为什么小男孩要这样做？因为他自己也有一条畸形的腿。他把这只残疾小狗看成是和自己一样的伙伴，他深深理解残障人最需要与正常人一样有平等的待遇。

知心对话

当你面对一个弱者时，你一定要设身处地为他着想，经常想一想，假如你是他，你会怎样？

当你去帮助一个弱者时，你一定要平等地做他的朋友，而不是可怜他，更不要居高临下去施舍他。

因为，弱者需要同情更需要理解。

面对恩情——需要知恩更需要感恩

别忘说声“谢谢你”

我们生活中，有句最简单而有价值的话，就是“谢谢你”，英文中最常用的词，也是“thank you”（谢谢你）。

“谢谢”不仅仅是礼貌。“谢谢”和爱连在一起，“谢谢”有多少，爱就有多少。

如果你要做一个文明的人，就得常说十五个字：“谢谢、您好、对不起、再见、我错了、请、我们。”你瞧，“谢谢”两个字在最前面。

我有两个终生难忘的启蒙老师，教会我怎样做人。我妈妈和我的小学老师张效梅。我记得，她们说得最多的话就是“谢谢”两个字。

妈妈总把“谢谢”挂在嘴边。邻居张大爷送来报纸，妈妈总是笑着迎上去说：“谢谢张大爷，让您费心了！”修下水道的工人干完活要走，妈妈一个劲地说：“谢谢您，给您添麻烦了！”老师来家访，妈妈满脸笑容：“张老师，谢谢您！您那么忙还到家来。”

妈妈生病住院的时候，每次医生来查房，她总是微笑着说：“谢谢大夫，我好多了。”

最难忘的是妈妈临终前那个晚上。我见她口水里有血，急忙请来值班医生。妈妈慢慢睁开眼睛，用极微弱的声音说了声“谢谢大夫”，就再也说不出话来。那声音真小，恐怕连医生都听不见，但我却听得真真切切，因为我太熟悉她的口形了。但万万没想到的是，那竟是妈妈经历了 83 年风雨，告别人世的最后一句话，也是妈妈留给我们的最后一句话。

妈妈将一生的感激之情，都凝聚在“谢谢”两个字上。

当母亲走完 83 年生命历程的时候，那天清晨北京协和医院十几名医生、护士排成一排，用崇敬的目光送她缓缓离去。一批又一批亲友和我们兄弟姐妹单位的同事到灵堂向她告别，认识她的人都曾听过她那一声声暖人的“谢谢”。她记住了别人的好，别人也忘不了她的好。

妈妈生前一直对我说，永远别忘了张效梅老师。她说：“张老师不仅教你们知识，更是你们的人生导师。”

张老师极有人格魅力。她对所有关心她的人都心怀感激，哪怕你为她做了一点点事，她都会带着灿烂的微笑说声“谢谢你！”

每年春节，前去看望她的人都络绎不绝。我和十几名小学同学，每年春节都要去张老师家聚会，20 多年从未间断。“你们能来看我，这是我最高兴的事，谢谢你们。”张老师总是这样说，我们连忙说：“要谢的是您呀，张老师。”

“不，”张老师说，“我的学生成长了，有了成绩，这是对老师最大的感谢！是你们让我感受到当老师的幸福，所以，我要谢谢你们！”

50 多年来，张老师就是怀着这样的感激之情，走上讲台，又走下讲台，走完她的教师生涯。

这两位老人留给我一生的财富，就是做人要永远心存感激，知恩才能感恩。记住别人的好处，才能说出“谢谢”两个字。

今天，许多父母痛苦地告诉我，他们最伤心的是自己的孩子不懂得感恩，孩子们觉得，父母为他们所做的一切都是应该的，别人为他所付出的一切劳动都理所当然。

一位母亲曾告诉我：陪着 5 岁的女儿去游泳，女儿在前面走，她拿着大包小包跟在后面，女儿问“水果带了吗？”“牛奶带了吗？”当女儿得知妈妈带的水果是梨时，哭了起来，非要妈妈回去换她爱吃的苹果。妈妈说她觉得自己不像孩子的妈妈而像孩子的奴隶，女儿从来都是向妈妈提要求，却从没说过一句感激的话。

从小没有感恩之心的孩子，长大后就是一个自私的人。

不过，知恩图报会说“谢谢”的孩子还是很多的。我讲几个故事给你们听听。

有个盲女在妈妈生日那天送给妈妈一份礼物：一点一点扎在生日贺卡上的盲文。妈妈看不懂，请人翻译，那段盲文让她听得泪流满面。“亲爱的妈妈，谢谢您把我养大。虽然我看不见您，但我永远爱您感谢您——妈妈！”妈妈捧着贺卡哭了。她觉得自己为女儿付出的一切都是值得的。

有个七八岁的聋哑女孩，背着书包去上学，在公共汽车上没站稳，差点摔倒，一位叔叔看到，急忙上前扶她一把。女孩上了车，刚站稳就向这位叔叔打手势，叔叔不明白是什么意思。叔叔要下车了，女孩连忙跑过去，塞给他张小字条。下了车，叔叔打开一看，只见上面歪歪扭扭地写着一行字：“谢谢，谢谢叔叔！”泪水涌出叔叔的眼眶。

感恩之心、感激之情，就像燃烧的火焰，让你渴望表达，否则将遗憾终身。

一个山里孩子考上大学，却因为家里穷，上不起。这时，一个素不相识的外地人无私地资助了他。这个孩子一直想当面说声“谢谢”，却始终没能实现心愿。3 年后，他专程按着汇款人的地址找到恩人家，万万没想到恩人已在几天前去世了，临终前，还给他汇去了最后一笔款……

他含泪在白纸上写下了一万个“谢谢”，点燃在恩人坟前。

事业有成的林先生说他一辈子忘不了老师的三句批评。

上小学时，他是班长。有一个同学生病了没来上课。老师让他去看望这个同学，并告诉他当天的作业，他随口答应了，可是一放学，他光顾着玩，把这件事忘得一干二净。第二天，老师知道了，把他叫到办公室，让他伸出手，用铜尺使劲打了他三下手心，并严厉地说：“你昨天答应我要去，可你没去，你不守信用；你是班长，你有责任关心同学，你没去，你不负责任；同学有病，你没把他放在心上，你没有爱心。今天我惩罚你，是想让你记住这样的人将一事无成！”

“老师的话我记了一辈子，”他动情地说，“长大后，我当上了公司经理，一直不敢忘记老师说的话，所以我成功了。我一直想对老师说一声‘老师，谢谢您！’可一直没机会说。”他后来还和《中国少年报》合办征文比赛，题目是“老师，我要说声谢谢”，希望所有的孩子都学会“谢谢”两个字，记住老师的恩情。

在隆重的征文颁奖大会上，林先生眼含热泪对在场的孩子们说：“今天是教师节，我真想对我的老师说一声‘谢谢您，老师！’”

场上响起暴风雨般的掌声。我含着眼泪将手中的鲜花送给了他，因为他也说出了我的心里话。

后来，林先生回到故乡看望小学老师，想当面谢谢他。可是，老师已经去世了。他来到老师墓前，在墓碑上看到了老师的遗言：

“我没有死／我把关爱别人的方法传给1000名我的学生／我的学生将用这个方法来关爱别人／我要休息了／我可以休息了。”

在这位乡村小学老师的墓前，林先生一遍又一遍地说：“谢谢您，老师！”

感谢，就像阳光一样，给我们带来温暖和美丽。

有个中学生给“感谢”开出了这样一个说明：

品名：感谢

英文名：Thanks

汉语拼音：gǎn xiè

［性状］

本品无色、无味、无形

［成分］

主料成分：爱2克、感恩的心2克、温暖1克、真挚1克

辅料成分：诚恳、友好、善良、正义各1克

［药理作用］

本品对维持人体正常工作、改善人的精神面貌和人际关系有重要作用。无论是风和日丽的日子，还是艰难困苦的岁月，它都是生活的必需品。对医治冷漠症、自私症等病有特效。

［适用者］

适用于那些缺少感激之心的人。那些不懂得感谢爸爸、妈妈、老师的孩子；那些无偿享受澄明蓝天、灿烂阳光、轻柔和风、晶莹月光、璀璨星光、丝竹轻唱、芬芳花香却没有心存谢意的人；那些得到了别人无私馈赠和帮助的人；那些每天因得不到它而带着破碎的心和受伤的灵魂入睡的人……

［用法用量］

不拘时间，自主掌握用量。

［注意事项］

患者要发现事物的关系，以坦荡的心境、开阔的胸怀面对世界，感受幸福的一点一滴，感受平凡中的美丽，多多微笑，让爱的阳光充盈内心……

［时效期］

永久

［批准文号］

天药准字 70000001

［生产企业］

名称：星空梦飞翔盈爱制药厂

地址：天堂街爱心路

这真是一味充满了温情和想象力的药方。其中的真意就是“感恩”！

知心对话

面对恩情，你首先会想到你的父母，只要记住父母的养育之恩，真诚地对他们说声“我爱你”，不管他们会不会亲吻你，理解你，你都会感受到幸福正包围着你。

面对恩情，你不能忘记你的老师，只要记住老师的教育之恩，永远地对他们说声“谢谢你”，不管他们在不在世上，会不会回答你，你都会觉得爱在簇拥着你。

面对恩情，你会想起所有关心帮助过你的人，只要记住他们的知遇之恩，及时地说声“谢谢你”，不管他们是不是还记得你，你的心里都不会留下什么遗憾。

记住，任何时候都别忘了说声“谢谢你”！

面对老人——需要孝敬更需要读懂

你懂老人的心吗

你家里的爷爷奶奶、姥姥姥爷，和很多长辈都是老人。你长大后，爸爸妈妈也会变成老人。

老人的长寿是儿孙的福分，子孙的孝敬是老人的幸福。

清明节，我和家人到京郊的通惠陵园，看望安息在那里的父母。

我们姐妹四人围坐在父母墓碑前，抛撒着菊花，一片片黄色、白色的花瓣飘落在碑前的石桌上。

慈母手中线，游子身上衣。临行密密缝，意恐迟迟归。谁言寸草心，报得三春晖。

人到中年，才能真正理解《游子吟》，才能读懂老人的心，才能明白老人的教诲是人生的财富。

老人是一部书，这部书中有三个关键词，如果你读懂了，就明白了人生的意义。

第一个关键词：牵挂。孩子在父母的叮嘱中长大。

“出门要小心，放学早点回来。”每天妈妈都重复这两句话。小时候觉得妈妈“唠叨”，长大了才明白这是“牵挂”。

我87岁的老父亲临终之前，躺在北京医院的病床上，说不出话来，却用手一直指着天空。望着父亲企盼的目光，我懂了，父亲是在问：“你大哥的飞机怎么还没到？”我伏身告诉父亲：“大哥赶不回来了。”父亲拿着笔，写了几个模模糊糊的字：“我就想他！”几小时后，父亲离开了我们。

后来，大哥从美国回来探亲，听我们讲了这件事，花甲之年的大哥泪流满面……

这便是年迈的父亲对儿子的牵挂！

我的邻居黄鹰是一名国家干部，不幸身患癌症，几次病危，他都没有把病情告诉远在德国留学的儿子，生怕影响儿子的学业。

他盼望着圣诞节后父子能团聚。没想到，病情突然恶化。临终前，他最想见的就是儿子。他的妻子立刻通知儿子速归，儿子坐飞机赶回来的时候，父亲已在两个小时前去世了。

弥留之际，黄鹰用生命的最后力量强撑着，医生一连给他打了五针强心剂，最终没能挽救他的生命。走的时候，他眼睛都没有闭上。

这，便是父亲对儿子的牵挂！

“牵挂”，沉甸甸的亲情。

第二个关键词：体贴。孩子在父母呵护下长大。有一天，父母年纪大了，也需要呵护。

老人最怕别人觉得自己“没用了”。体贴老人，就要尊重他们，不和他们争论。他们走过了几十年人生道路，已经形成了对世间各种事物的看法，我们不必试图改变他们，在这里，顺从就是体贴。

我们要学会洗耳恭听他们的教诲——少说“不”，多说“是”。老人多年积累的人生经验和感悟非常珍贵。多听老人的话，有益无害。

老人也喜欢体验“我能行”。体贴老人，就要赞美老人，赞美他们了不起，赞美他们不容易。

第三个关键词：尊重。老人尤其需要尊重。

尊重老人，最重要的是尊重他们的生活习惯。在几十年的生活历程中，习惯成自然，硬性改变习惯，反而会发生意外，所以尊重比改变好。

一位老领导告诉我：老人要有“五老”。

一老是老本：有一个好身体；

二老是老窝：有自己的住房；

三老是老伴：有老伴陪伴；

四老是老底：有自己的存款；

五老是老友：有几个说得来的老朋友。

从这“五老”中，可以看到老人有自己的世界。做儿女的不要强求老人卖房子、装修房子，不要让老人没有“家”的感觉。也不要限制老人出去和“老友”一起玩，闲聊天，在条件许可的情况下，多鼓励老人出去走走，开开眼，散散心，和别人聊聊天。

第四个关键词：善待。老人是家庭的功臣。

他们把自己的青春年华奉献给了社会和家庭。如今，他们年老体弱，理应受到社会的尊重和家人的善待。

许多老人劳累一生，却舍不得多花一分钱，一心想留给子女。当老人丧失劳动能力时，最需要的是子孙的照顾。

春节，我们全家去东北看望婆婆。婆婆 70 岁高龄，生了 9 个孩子，带大了十几个孙子。

大年初一那天，我送给婆婆一万元钱。她哭了，拉着我的手说：“我对不住你呀！”

我诧异地问：“您怎么这么讲？”

婆婆说："你的孩子我没给你带。"我感动极了："妈，儿子是您带大的就够了，带孙子是我的责任呀。"

我的儿子把这一切看在眼里，他用过年得到的压岁钱，给家境困难的四姑家的小弟弟买了新书包、新文具。

临行前，我们又买了彩电送给婆婆。

回到北京后，老人打来电话："儿子好不如媳妇好，邻居都说，你怎么摊上这么个好儿媳妇呀。"

我很感动。老人总是要求人很少，给予人很多。

知心对话

面对老人，我们要心存感激，牢牢记住四个关键词：牵挂、体贴、尊重、善待。

对老人心存感激，就会常怀孝心，常有孝行，常存良知。老人幸福了，家庭就和睦了，社会就和谐，你就快乐了。

面对单亲——需要坚强更需要快乐

你快乐所以我快乐

现在，单亲家庭的孩子真多，他们的烦恼也真多。

一次，我应邀去北京一所小学校和孩子们"面对面"，小礼堂里坐满了中高年级的同学，他们争先恐后上台向我倾诉烦恼，许多同学说着说着就伤心地哭了，其中有不少是单亲家庭的孩子。

"父母离婚前，天天吵，我劝他们别吵了，他们说'不用你管'，慢慢地我变得冷漠了，他们吵架我也不闻不问。现在，他们分开了，而我也习惯了淡漠的生活。”

“我是单亲，跟了我爸，可是他天天喝酒，有时喝得醉醺醺的回家就睡，叫也叫不醒，醒了就骂我，我伤心极了！知心姐姐，您说我该怎么办呀？”

“我爸出了车祸，去世了，我妈天天哭，我也跟着哭，我不知道以后会怎么样？”

班主任老师告诉我，这个班有三分之一的孩子生活在单亲家庭中，他们多数都不快乐。

我心疼这些孩子，更想对他们说：

单亲，不是你的错，但怎样面对单亲却是你的事。那么，怎样从单亲痛苦中走出来，寻找快乐呢？

我看过两位生活在单亲家庭中的孩子写的文章，感觉为相同境遇的同学找到了答案。

安徽省临泉县阜临中学初一的李瑞莹同学父母离婚了，她在信中说：

“你快乐所以我快乐……”一个人走在大街上，对面的音像店传出这十分熟悉的歌。我快乐吗？我本来不快乐，但是爸爸有了幸福的家庭，他很快乐；妈妈也有了幸福的家庭，她也很快乐；所以我也很快乐。我把他们的快乐当作我的快乐，因此我真的很快乐，很幸福！

“喝交杯酒……唱歌，唱歌……新郎和新娘唱情歌，哈哈……”今天很热闹，大伙儿都特别高兴，我也高兴，因为爸爸终于找到了自己的伴侣，他们结婚了。

妈妈刚走的时候，爸爸有好长一段时间都特别颓废，下班回家就在黑漆漆的房间里抽烟，抽了好多好多。我知道爸爸是痛苦的、悲伤的，因为他太爱妈妈了。他在我面前极力地掩饰，可是他不知道他炒的青菜是生的，糖醋排骨的糖放成了盐，锅上煮着的牛奶是上个月的……我也从来不计较，因为怕爸爸发火，怕他精神崩溃，怕他因为我而更加痛苦……

一个大男人带着一个不懂事的小女孩能行吗？可是我们熬过来了。虽然这种生活使我性格孤僻，在同学眼里我是一个不和任何人来往的“怪物”，大家欺负我，嘲笑我。我从来不把这些事告诉爸爸，因为我已经习惯孤独了，我不需要别人的关心和爱护，我只要有爸爸就够了。后来爸爸变了，他的话多了，精神也好起来，我知道爸爸找到了她——我的继母。她对爸爸特别好，嘘寒问暖，对爸爸的关怀总是细心周到。可是她不喜欢我，她觉得我比不上她美丽的女儿，是的，我真的比不上总是开朗快乐的姐姐。

我静静地回到了妈妈的身边，因为我要让爸爸快乐幸福，这样我才会快乐幸福。我不想让爸爸为难，更不想成为爸爸的精神包袱。

我已经不需要妈妈照顾了，因为我已长大，懂得怎样照顾自己，何况妈妈还有一个小我5岁多的儿子。他很可爱，大大的眼睛，嘴特别甜，每个人都对他疼爱有加。他身体不好，老爱感冒，妈妈极尽温柔地喂他吃药，喝水，晚上还给他洗澡，睡觉时还会给他把被子盖好，最后看着熟睡的他微笑。这时我会有一点点嫉妒，因为我没有被妈妈如此疼爱过，但是我马上会让自己快乐起来。我想，如果我幼年时妈妈没有离开爸爸，她也会像照顾弟弟一样地照顾我。所以我在想象的快乐中体会这种幸福。

妈妈的丈夫很爱她，对妈妈的关怀无微不至，对我也不坏，虽然不是亲生女儿，但是他爱妈妈，所以也喜欢孤僻、古怪的我。我渐渐融入了这个本不属于我的家庭，我快乐了，也许这次是真的快乐了。

我把爸爸的快乐当成我的快乐，把妈妈对弟弟的照顾当成对我的照顾。不只这些，所有人的快乐都是我的快乐，妈妈、叔叔、爸爸，还有我孤独的快乐。

“你快乐所以我快乐，玫瑰都开了……”哼着歌，我继续向前走，继续我的快乐。

读完这篇文章，泪水模糊了我的双眼。李瑞莹同学多懂事，多通情达理，多豁达坚强。

父母离异对孩子来说的确是不幸的，但如果能像瑞莹那样心里装着别人，像她说的“我把爸爸的快乐当成我的快乐，把妈妈对弟弟的照顾当成对我的照顾”“所有人的快乐都是我的快乐”“你快乐所以我快乐”，情形就大不一样了。

快乐就是这样奇妙，付出的多得到的才多。

最近看到一本书《水知道答案》，书中介绍了科学家的最新发现：水是有生命的。如果你能使水快乐，在杯子上贴上“美丽”二字，送去冷冻，那么当水结成冰花时，奉献给你的就是一幅美丽的图形；相反，如果你使水不快乐，在杯上贴上“混蛋”两字，送去冷冻，那么当水结成冰花时，奉献给你的将是一幅丑陋的图形。

面对单亲，有个自称“灰姑娘”的女孩创造了奇迹。亲妈去世后，她竟然主动给自己找了个后妈。

说起来，我应该算现代版的灰姑娘了。呵呵，不好意思，和灰姑娘不同的是我到现在为止还没有遇到白马王子——我还不到年龄呢！这么跟大家说吧，你们看我现在很开朗、很乐观，是一个阳光美眉。其实以前的我可完全不是这样的！为什么？因为我没有妈妈。我是一个亲妈去世、亲爸超忙、没有人管、无法无天的疯丫头。

老爸整天忙着工作，他和我的交流都是从询问成绩开始，以拳头落下收场。我的成绩总是不尽如人意——确切地说不尽他意。其实我在班里也是前十名，还是学习委员。每次我被老爸教训，都会有不想活了的念头，真想让妈妈把我也带走算了。心里的怨恨只好发泄在我的东西上：维尼熊的肚子变成拳击沙袋，书本满天飞，还要加上震天动地的大哭（当然是在老爸不在的时候）。

升初中后，我还是老样子：和人打架，到处疯玩，像个野丫头。不过，学习尽量保持靠前——这是我唯一可以安慰妈妈在天之灵的事情，我不能对不起妈妈。

那天，我和同学们去北海公园玩，从公园北门出来的时候还早，天气很暖和，阳光照得我心情莫名地好。这时候，我看见一个阿姨从国家图书馆分馆里出来，她是妈妈的朋友芸阿姨！

没有顾上多想，我上前叫住了她。芸姨看见我很高兴，她像以前一样把我揽在怀里。呵呵，像极了妈妈！

自从在图书馆遇见了芸姨，我萌发了一个超级大胆的想法：把老爸介绍给芸姨。

我不是说着玩的，我有以下N种理由支持这个想法：第一，芸姨本来就和老爸认识，他们年龄相仿；第二，芸姨没有孩子，也是因为没有办法要孩子，她被迫离婚；第三，这也是最重要的，我的直觉告诉我，他们俩在一起会产生感情！为什么？因为我知道，芸姨很喜欢我！第四……

总之，我开始绞尽脑汁地想各种办法让芸姨和老爸见面、相处。虽说我管得宽了一点，可是事关我的家庭幸福，我必须尽最大的努力！

这其中的种种曲折我就不说了。我要说的是更重要的事情：芸姨居然和妈妈一样，让我闻到了那种妈妈的熟悉的香味！

芸姨经常来我家了，这是我努力的结果。看得出来，老爸很接受芸姨，他本来是一个很不讲究衣着的人，现在居然把自己收拾得很精神，还恢复了一些业余爱好，跑步、游泳等。但我仍然和他保持安全距离——不跟他多说话，不主动靠近他，不主动汇报各科成绩。

周末，我跟芸姨商量好去逛商场。我穿好了衣服、鞋子，坐在沙发上等芸姨来接我。这时老爸从他的房间出来了，干咳了一声，严肃地看着我。我立刻紧张起来，坐得笔直，等着无法预知的恐怖事件。

“你，最近学习怎么样？”又是老一套，我心里想。

“还好吧。”我的声音像蚊子哼哼。

“什么叫‘还好吧’？”老爸的声音陡然增高了八度，在房间里炸开。

我深吸一口气，准备迎接更大的暴风雨。两分钟过去了，我听到老爸突然用很柔和的语气说：“你呀！算了，自己把握好自己就行。”我瞪大眼睛看着老爸，这是他吗？

他没有再说什么，走到我面前，史无前例地用手——而不是拳头，摸了一下我的头，然后转身回了自己的房间。

我张着嘴，像个白痴一样愣在那里。

整个下午，我都像个老婆婆一般对芸姨絮絮叨叨：“芸姨，我老爸今天居然摸我的头来着！芸姨，你说我老爸他脑子没出什么问题吧？芸姨，是不是你跟他说了什么呀？芸姨，原来我老爸很温柔嘛……”

芸姨始终笑着听我说这说那，不知不觉间我们买了一大堆东西。拿回家一看，怎么一大半都是给我的？芸姨对我说：“这是你爸给的钱，让我买给你的！”我又愣了！

晚上，我恳求芸姨和我一起待着，我和她躺在床上说悄悄话，我靠在她身边，闻到了淡淡的清香——那是一种妈妈的香味！在这种甜蜜的幸福感里，我慢慢睡着了，我还梦到了妈妈，她对老爸说：“你呀，以后对孩子总这么温柔就好了，她就不会动不动就和同学打架，动不动就用暴力解决问题了。都是跟你学的！你不知道，她今天激动极了，跟我说了一下午你呢！……我得走了，太晚了。”我立刻惊醒了——是芸姨要走了。我哭了起来，不管不顾地哭。没有妈妈的痛苦，从前的孤单，老爸拳头的可怕，芸姨的疼惜，种种感受一起向我扑来。我哭着，直到芸姨说今晚不走了，说陪着我，我才止住了哭泣，扑在她的怀里继续睡去。呵呵，有妈妈真幸福啊……

芸姨终于答应嫁给我老爸了！我和灰姑娘这一点也有所不同，她有个被动接受的坏后妈，我呢，有个我自己找来的好后妈。芸姨来到我们家，改变了我的老爸，最重要的是她带来了阳光。当我因为不开心而暴躁冲动时，当我莫名其妙乱发脾气时，芸姨总是用她的耐心扑灭我的火气。有意思的是，芸姨也有不开心的时候，我呢，又用我的顽皮和鬼点子逗她开心——我渐渐学会了用粗暴以外的方式解决难题，我发觉这比最后缩在床脚哭泣好很多，而那些夜晚的哭泣，也慢慢成了过去成长路上的一份回忆。

我爱芸姨，就像爱妈妈一样。在妈妈怀里闻淡淡的清香，这种幸福，我会永远珍惜。

“灰姑娘”的亲妈去世了，这本来是件不快乐的事，但“灰姑娘”却让自己快乐起来了，原因是她让爸爸快乐了，也让自己变得快乐了。爸爸有了爱，变温柔了，不仅不再粗暴地打女儿，而且第一次抚摸了女儿的头！

不仅世上万物相互依赖，在家庭生活中，父母与孩子也是相互依赖，相互依存的，就像“人”字一样。在人的社会中，千千万万个人也是相互依赖、相互依存的。你给别人一个烦恼，别人也会还你一个烦恼。相反，你送别人一个快乐，别人也会赠你一个快乐。你送给父母一个快乐，父母也会赠送你一个快乐。

你的快乐准备好了吗？

知心对话

面对单亲，你不要过分伤感，你要坚强，更要快乐。

因为你快乐了，你才能把快乐的礼物送给你的亲人，你的亲人快乐了，才会回赠给你不尽的快乐。

面对冲突——需要谅解更需要奉献
点燃你的爱，熄灭你的火

新年上班头一天，我兴冲冲地走进中国少年儿童出版总社的大院。

“知心姐姐……”突然，一个小伙子横在我面前。

“你是……”我打量着他，五官端正，衣着整洁，却神情紧张。

“我是专门来北京找您的，等您四天了！”他红肿着眼睛说。

我想，这小伙子一定遇到麻烦了，要不不会等四天。“走，跟我上楼去。”

一进办公室他就哭了，泣不成声。突然，他愤怒地吼道：“我跟他们势不两立，我剑拔弩张，我一触即发，我要把他们杀了！”

“你要把谁杀了？”我非常震惊。

“他们，我爸，我妈！”

他的回答让我惊得说不出话来。

“我妈我爸从小就溺爱我，要什么给什么。上中学，我看同学穿名牌，我也要，我家条件不是很好，可我妈由着我，自己不买新衣服也要给我买，我的一双鞋就好几百。”他回忆着说。

“他们这么爱你，你为什么还恨他们？”我不解地问。

“他们就知道管我吃穿，就知道让我考高分、考大学，对我的心理要求一点也不关心。他们总拿我和别人比，上高中时，我的成绩下降了，我妈老说：‘你看人家，你还有脸往人群里走？学不好，一辈子就完了。’我爸说：‘你学习不好，将来连个对象都找不着，那你就不是我儿子！’我妈竟然说：‘大道理不要讲，当官的女儿你盯上！’你说，他们说的对不对？”他问我。

“不对！当然不对！”

他说得更起劲。“更不对的还在后面。我没考上大学，我妈就说：‘赶这么好的机会，你还学不好，我要是男生，我早就是大学生了，你怎么这么笨！’我爸当过兵，说：‘我要是不复员，都当师长了，谁像你这么没出息！’我说：‘我能当什么是我自己的事。’我爸说：‘我可以不管，你能当上国家主席也行。就你这样，我算没你这个儿子！’”

“在家的那半年，我爸天天骂我‘你就像个猪似的，在家白吃饭，你就是个废物！’”

“‘我就是个废物！’我气坏了，大声朝他喊，我觉得特受伤害，从此不再理我爸。”

“后来，我当了保安。训练时要翻墙头，我吓得要命，不敢跳，我从小胆子就不大，在蜜罐里长大，受不了这个苦，觉得自己处处不如人。我弟弟也在保安队，他瞧不起我，问我：‘你是男的还是女的？胆子这么小！’

有一次，他说我：‘你是笨蛋，干啥啥不行！’我火了，发疯一样冲进厨房，拿起菜刀要杀我弟弟，我妈把我劝下了。”

“你够冲动的！”我听后说他。

“我没有了自信，性情变得十分急躁，谁议论我，我就对谁产生敌意，我总想着去杀人，干点惊天动地的事，你们不是说我不行吗，我就行一回给你们看！别人不敢干的事，我敢干！现在我很想犯罪。你不是去过少管所吗，那里怎么样？”

讲着讲着，他冷不丁问了我一句。

“少管所管理得很好，可你进不去，你不是未成年人，你犯了罪，要进监狱的。”我口气很强硬。

“监狱我不想去，可我不想要这个妈了，也不想要这个爸了……”

说到这儿，他又呜呜哭起来，看得出来，他痛苦得不能自拔。

“我今天来，就想告诉你，用我爸我妈这样的方法教育出来的孩子，长大了就我这样，又胆小又没用，干啥啥不行，你可以用我的例子告诉别的孩子的父母，别这么对待孩子！”他拿着我给他的纸巾，边擦眼泪边说。

“谢谢你！你自己痛苦成这样了，还想着别人家的孩子，这说明你很有爱心。”我鼓励他。

“你知道，我到你这儿来之前想干什么吗？”他停止哭泣问我。

“你想干什么？我猜不出来。”

“我想把欠父母的都还清，养我这么大花了多少钱，我一分不少，都还给他们，我和他们再也没什么关系了，我不想欠他们的！我和他们就是金钱关系，现在我对他们厌恶极了。”他愤愤地说。

“你还不清！这世界上最还不清的就是亲情！父母亲生你养你，没有他们就没有你，生命是拿钱买不来的。父母养你这么大，你光记仇记恨了，你有没有想过，作为儿子，你为他们做过什么？”

“没有，他们只要求我考大学，其他对我没要求。”他说。

“一个温暖的家，是要靠大家用亲情维系的。可你呢，只知向父母要爱，你给过他们爱吗？”他默不作声地听我说。

那天中午，我请他吃了饭，饭后又谈了两个小时。

临走，我送他我写的两本书《告诉孩子，你真棒！》《写给世纪父母》和一套《卢勤家庭教育专题讲座》光盘，让他转送给妈妈。

“我给你钱。”他说。

“不用。这是我送给你妈妈的。我只对你提一个小小的要求，回去为你父母做一件事，给他们倒杯水也行。”我看着他的眼睛说。

“给他们倒水？我从来没给他们倒过水，我怎么会给他们倒水呢？以前都是他们给我倒水。”

他的回答让我感到意外。“父母把你养这么大，为他们倒杯水不应该吗？”我有点激动，为他的父母感到悲哀，“这就是你痛苦的原因，你从来没付出过爱，所以你不懂得爱。你爸快过生日了，你这次回去，一定要给你爸爸买一件礼物，如果做不到，我就算没你这个朋友，下次就别来见我！”我的口气坚定，不容置疑。他答应了。

10 天后的一个傍晚，下班回家的路上，我的手机响了。“喂，是知心姐姐吗？我就是新年上班第一个去找您的人。您还记得我吗？”

“记得，我怎么会忘记你！谢谢你的信任。”

“我给你写的信收到了吗？”

“没有啊，你回去怎么样了？”我急切地问。

“知心姐姐，我要谢谢您。我从北京回家后，就照您说的话给爸爸买了一份礼物。我想来想去决定给爸爸买一瓶酒。酒买回来之后，我让妈妈给爸爸。妈妈把酒给了爸爸，然后对我说：‘你爸爸哭了，说要把那瓶酒珍藏起来，他舍不得喝，他说那是孩子的心意，他要天天看着，心里高兴，他并不在乎东西贵还是便宜，只要孩子心里有他就够了。’虽然我心里极其厌恶我爸，但是我愿意为好朋友做事。知心姐姐，您听我说了那么多埋在心里的话，把我当成好朋友，所以您说让我给爸爸买礼物我就买了，没想到他会这么感动。”

“我妈急着要看您的光盘，妈妈搂着我的脖子，哭着说：‘孩子，这么多年，妈妈对不起你，不知道你心里憋得难受，妈以前不知道你是青春期，不知道有逆反心理，你能原谅妈吗？’我说：‘没事的，我能原谅你。我过去也不知道妈妈到了更年期，爱着急。所以，我不会怪妈妈的。’这可是这么多年，妈妈第一次搂着我的脖子，说出这样的话，我心里感到很温暖，知心姐姐，我真的很感谢您呀！”

电话里传来呜咽声，我眼睛一热，泪水顺着面颊流了下来。这正是我所期盼的！

“听你讲这些话，我太高兴了！知道你为什么感到温暖了吗？因为你付出了！你为爸爸买了酒，你在乎了他的感受，于是你就感受到了父亲的爱；你亲手把光盘送给了妈妈，妈妈得到启发就会感谢你，于是你感受到了妈妈的爱。什么是爱？付出就是爱！幸福温暖从哪儿来？从付出来！让别人幸福，自己才会幸福；给别人温暖，自己才会温暖，这叫‘送人玫瑰，手有余香’呀！过去你没有付出，所以你对父母的爱没有感觉，今天你只付出一点点，就感受到了温暖和幸福，我真为你高兴，孩子！”

第三天，我收到了他的来信。信写了6页纸，工工整整，没有一个错别字，没有一处涂改，看得出来，他是用心写的。

知心姐姐：

您好！我就是2005年1月4日上午找你的那个小伙子，我很庆幸自己成为知心姐姐2005年刚上班就接待的第一位“客人”。

我是2004年在网上看一个您的讲课时认识您的。这么多年来，从来没有人听我说过心里话，我心里有一大堆话，所以才想找您说说。我去北京之前就把您当成了最信赖的人、最知心的朋友，因为我觉得您对家长的忠告正是我心里想说的。

我是1993年上的初中，到现在已经快12年了。我和父母的沟通和交流只有分数和名次，我内心感到空虚、饥渴。我特别渴望一种东西，那就是通过沟通和父母成为知心朋友。我感觉我的情感世界一片荒芜。

去北京找您之前，我和父亲的关系可以说是水火不容，是一种敌对关系，我都不想见到他。我特别讨厌他那双眼睛和那张脸，从他的眼神里我可以看出，他已把我当成了“眼中钉”。在大街上，我和父亲见了面也不打招呼，形同陌路。

我上班已经3年了，在这3年中，我和父母没少吵架。好几次我都打算离家出走，离开这个家。我感觉那不能叫家，只能叫房子。家不应该只是个物质的东西，更应该是一种精神上的东西。我虽然吃饱穿暖，但是精神上从来没感觉到一丝家的温暖。我感觉自己是一个“孤儿”，无依无靠，孤苦伶仃，不知何处是我家。这12年来，我就像一只小船，在茫茫大海上行驶，四周一望无边，这样无休无止的漂泊太累了，我多么希望可以找一个港湾靠一下。海上，并不总是风平浪静呀，随时都有风吹浪打，随时有可能沉船，再加上漂泊的疲惫，我多么希望自己的家是一个温馨的港湾，在自己漂泊疲惫的时候可以停一停、靠一靠。

我感觉父母虽然满足了我的物质需求，却从未满足过我的精神需求，我觉得自己快成为一个“精神乞丐”了。

在2003年的时候，有一幕让我至今难忘。我上厕所时，看见一个十几岁的孩子扶着一个三十几岁的男人上厕所。那个三十几岁的男人戴着墨镜，缓慢地挪动脚步，原来他是盲人，看上去像是一对父子。我的心灵被震动了，感觉一股暖流袭上心头，心情久久不能平静，我觉得这个十几岁孩子身上所体现的这种品质才是最珍贵的呀，我终于找到了一种比金钱还珍贵的东西，而我身上却没有这种东西，我多么希望拥有这种比金钱还珍贵的东西呀！

还有一个故事让我难忘，是在电视上看到的，一个“打拐”的故事。当被拐卖的妇女被解救出来，送回到她母亲身边的时候，她们母女拥抱在一起痛哭，母亲抚摸着女儿那被坏人揪乱的头发，心疼地说：“头发都被揪掉了。”我的眼泪不知不觉已经流到了嘴边，刹那间，我终于明白，母亲是那样地疼爱自己的孩子，母爱是那样地无私。

我觉得人物质上的贫富都是次要的，重要的是人精神上要富有。

妈妈说，我离开家去北京之后，她掉了很多眼泪，现在我平安地回来了，她总算放心了，因为这是我第一次一个人出远门。

现在，妈妈对我说话总是心平气和，和以前相比有了很大的变化。我和父亲虽然还是不说话，但是感觉“火药味”比以前淡了。

我父亲正在看《写给世纪父母》这本书。

知心姐姐，希望我们能成为好朋友、知心朋友。

2005年1月12日

我小心翼翼地珍藏起这封不同寻常的信，不由得想起一个故事。

一个即将出嫁的女孩，问母亲一个问题："妈妈，婚后我该怎样把握爱情呢？"母亲温情地笑了笑，从地上捧起一捧沙。女孩发现那捧沙在母亲手里，圆圆满满的，没有一点流失，没有一点洒落。接着，母亲用力握紧双手，沙子立刻从指缝间泻落下来。等母亲再把手张开时，原来的那捧沙子所剩无几，其团团圆圆的形状也早被压得扁扁的，毫无美感可言。

女孩望着母亲手中的沙子，领悟地点点头。她明白了母亲的意思：爱情无须刻意去把握，越想抓牢，反而越容易失去。幸福就像手中的沙，你手攥得越紧，得到越少；如果松开手，你会得到更多。

知心对话

生活中，冲突是难免的，家家户户都会发生冲突，面对冲突，态度不同，结果就不同。

面对冲突，如果你剑拔弩张，对方也会攥紧拳头，决一死战，结果只能是两败俱伤；

面对冲突，如果你伸出双臂，对方也会面带微笑，伸手迎接，结果一定是双方幸福地拥抱；

面对冲突，如果对方是火山，你就化为大海，因为大海能包容火山；

面对冲突，如果对方是冰山，你就化为太阳，因为阳光能融化冰山。

怨恨，只能让你和父母成为冤家对头。只有人人都付出一点爱，家庭才能成为幸福的港湾。

chapter 4

你真棒

改变角度就改变了关系

面对他人——激励才能悦纳

人生第四课：你真棒

我在江西南昌接“知心热线”时，一个男孩打来电话说：“知心姐姐，听说你最近出了一本书叫《告诉孩子，你真棒！》，我妈平时老对我说：‘孩子，你真笨，你瞧人家多棒！’我要用零花钱买一本，送给我妈，告诉她，我也很棒！”

孩子为什么要为妈妈买书呢？当然是想得到妈妈的赞扬。

《告诉孩子，你真棒！》最受欢迎的就是书名中的三个字“你真棒”！

在南京一个销书的摊位，我亲眼看见一个男孩拉着妈妈的手指着自己的鼻子说：“妈，就买那本《告诉孩子，我真棒！》。”

在天津一场报告会后，一位母亲拿来一本几个月前在书店买的书，对我说：“我女儿把您的书名改了！”我一看，“棒”字上用铅笔打了个“×”，换成了“差”。《告诉孩子，你真棒！》，一下变成《告诉孩子，你真差！》了。

“您是不是老说孩子差？”我问。

“没错。女儿在学校挺优秀，可我老看不上她，觉得还可以再优秀些，总说她差，她对我的意见大了。”

“孩子是需要鼓励的，每个人都有‘棒’的地方，人是为自己‘棒’活着，不是为‘差’活着，如果孩子认为自己在妈妈眼中是‘最棒’的，她就一定会棒起来。”

一位叫江贵华的妈妈给我写来一封信，信中讲述了她和女儿看《告诉孩子，你真棒！》的故事。

有一天，女儿突然向我提出要到外面的小河边去练黑管，说我在她身旁总唠叨她吹不好。这时我想起您在书中说的 12 岁的张天吉，在树林子里面对一位“耳聋”老人拉小提琴的故事，欣然同意了女儿的请求。但是，对于出了家门不在我视线里的女儿，我还是放心不下，就尾随跟踪。嘿，我看见了，她比在家还投入；我听见了，她比在家吹得还流畅；我悟到了，她自己学比我在她身旁当“督学”还好使。您说得对，该放手时就放手！

我还开天辟地头一回表扬了女儿：“孩子，你吹得真棒！”女儿很惊诧地问我：“妈妈，您对我前后怎么就像两个人，您是不是看什么神奇的书了？”“世上没有一成不变的人和事。”我支支吾吾不想明说。女儿“扑哧”一声笑了，像是猜出了什么。

晚上，我看了您的书后，在书里顺手夹了一根牙签。第二天晚上翻开书时发现牙签不见了。我猜想一定是女儿也在看这本书。我瞒着女儿是因为我在书上空白的地方，写了不少读后感，比如“我也是分数妈妈”“我也总给女儿讲别人比她强的故事”“我也偷看过女儿的日记”“我这是‘更年期’与‘青春期’的碰撞”……这些忏悔的批语，我不好意思让女儿看到，怕影响当妈的形象。

我天天晚上看您的书，天天发现牙签不见了。后来，女儿向爸爸告了我的状，说我“看书保密的事”，我也“指控”了女儿“侵犯妈妈的隐私权”。后来，还是她爸爸主持了一次“三方会谈”。这场“读书误会”才烟消云散。女儿还即兴咏诗一首：“太阳月亮两班倒，妈看‘真棒’星星笑，我看‘能行’阳光照，唠叨妈妈变伟大，知心姐姐她真好。”

“你真棒”是正信息，“你真差”是负信息，人对生存价值的需求比生存本身更强烈。当一个人被贬得一无是处时，就会表现出明显的抑郁，当一个人被别人悦纳时，就会表现出极大的热情。

这个道理，对大人小孩都一样有效。父母也需要被孩子激励，被孩子悦纳。

在《告诉孩子，你真棒！》一书中，我曾送给爸爸妈妈们两句妙语，一句是：享受你的儿子，对儿子说“有儿子就是不一样”；另一句是：欣赏你的女儿，对女儿说“有个女儿真好”。

没想到，简简单单两句话，改变了许多家庭的亲子关系。许多同学告诉我，他们特别爱听爸爸妈妈讲这句话，因为这句话，让他们感受到了爸爸妈妈的爱！

《深圳青少年报》的副主编李青松是位年轻妈妈，一次见到我，她兴致勃勃地说："看了你的书后，我就常对 3 岁的儿子说，'有儿子没儿子就是不一样'，儿子特来神，什么活都帮我干。一天，他让我帮他挠痒痒，我最烦挠痒痒，于是马马虎虎地在他背上划了两下，只听儿子甜甜地说'有妈妈没妈妈就是不一样'。这句话，就像一支兴奋剂，我立刻来了精神，特卖力气帮儿子挠了起来。你说怪不怪！"说完，她哈哈大笑，眼里却闪着泪花。

我也忍不住笑了："我看不怪，这说明不光是孩子需要大人的鼓励，大人也同样需要孩子的鼓励。"

"你真棒"三个字有三种神奇的力量。

第一种力量："你真棒"能让人学好。

有一次，我在报纸上看到一篇文章《王刚曾是个坏孩子》，把我吓一跳，谁不知道扮演和　的王刚是个知识渊博的艺术家，怎么会是"坏孩子"？而王刚自己却说，他上小学时，学校里所有的老师和家长确实都认为他是个坏孩子。

"我在上课时拿了个自己糊的，写着'令'字的三角旗。老师背过去写字时，我往右边一挥，左二排的学生就'啊'地一叫，老师回过头一看，我却一本正经地坐在那里。老师再背过去写时，我又往右边一挥，右二排学生又'啊'地大叫。后来老师打个时间差，逮住了我。这样，老师就把我从前几排的座位挪到了最后一排。

"这样的事发生几次以后，老师对我妈说，上五年级时你们最好给你的孩子换一个学校。这就是变相开除了。老师还让全体同学孤立我，说我是个坏孩子。所有的家长也不让自己的孩子跟我玩，说我会把他们带坏。那时，我妈都不敢到学校参加家长会。爸爸妈妈恨死我了，说"怎么养了你这么一个儿子”。

“那天之后，我就开始逃学。学校也没有告诉家长，所以家里也不知道。每天一大早，我就背着书包出门了，到处晃悠，去得最多的就是古旧市场。有时也去看电影，当时长春在放《流浪者》，一毛钱一场，也不清场，我就一遍一遍地看，我觉得我就是个流浪者。

“逃学的日子就这样一天天地过去了，当时我感到非常痛苦，非常孤单，没有一个人理我。也不敢跟家里说，说了我爸肯定是一顿暴打。怎么办呢？快到期末时，我实在扛不住了。有天晚上，我突发奇想，花了一夜的时间，给毛主席写了一封信，在信中表达了一个孩子对主席的忠诚，还画了两幅画，水彩的，一幅是个小白兔在吃萝卜，还有一幅是解放军在保卫祖国，背景好像是台湾。我还放进了一张我和妹妹王静的合影，她才1岁，刚会走路。第二天一早我把信封好，写上‘北京毛主席收’，投进了信箱。”

王刚照旧逃学。

“7月上旬的一天，老师让一个同学带信给我，要我一定要到学校去一趟。我见了班主任，班主任朝我笑，我心里开始发毛，他从来不朝我笑的，他说王刚同学，你跟我去教导主任那儿。教导主任也朝我笑，他说我们一起到校长那儿。校长也朝我笑，他问你家在北京有亲戚吗，我说有，我有一个四姑在北京。他问有在党中央工作的吗？我说没有。这时他拿出一个牛皮纸信封袋。我一看，上面写着，吉林省长春市朝阳区XX小学四年级(2)班王刚小朋友收，下面是中国共产党中央委员会办公厅。他问这是怎么回事，我说我十几天前给毛主席写过一封信，大概是回信了。他们问能打开吗，我说打开吧。信是中共中央办公厅写来的，信中写道‘王刚小朋友，你6月24日写给毛主席的信还有图画和照片都收到了，谢谢你，今寄去毛主席照片一张，请留作纪念。希望你努力学习，注意锻炼身体，准备将来为祖国服务’。日期是1959年7月3日。”

“我记得当时我们校长的手都哆嗦了，他说这不仅是你的光荣，也是我们全校的光荣，快去广播室，向全校广播。在校广播室里，他很激动地向大家宣布了这件事，接着由我来宣读这封信，那是我第一次通过广播‘播音’。接下来，各种赞誉就来了。接着区教育局、市教育局也都来了，说这不仅是你们学校的光荣，也是我们区、我们市的光荣。后来我们学校一个教自然的老师，他编了一个两幕的话剧，叫《他转变了》，由我来演我自己。这是我第一次登台演话剧。说来也真有意思，事实上，从此以后，我就真的变成了一个好学生，非常好。这封信完全改变了我的命运。”

王刚说得对，谁不想学好，一个从未被夸奖过的人，怎么能有自信？对那些学习差的同学，也许一句真诚的赞美，就能让他真的“棒”起来，就像王刚一样！

第二种力量："你真棒”三个字能让人优秀。

一位美国老师，在推荐赴美读高中的中国女孩时说“我以性命担保她行”，这句话深深震撼了女孩父亲的心。他怎么也不会相信，仅仅在4个月前，他的女儿，还是一个被老师认为“没有数学脑子”，垂头丧气地说“我厌学了”的孩子。

刚去美国不久，女孩(英文名:斯蒂芬)语言首次得了满分。老师一句“你真棒”让女孩心花怒放。接着她的化学又开始频频得满分。有人问老师问题，老师跟他们说：“问斯蒂芬，她什么都知道。”老师还在全班大声赞扬：“你们要努力呀，否则将来你们都要给斯蒂芬打工去了！”

每个人都是有天赋的，但并不是每个人的天赋都能被唤醒。就像打开宝藏的口诀“芝麻，开门”一样，唤醒这沉睡的巨人也需要秘诀，那就是“你真棒！”

第三种力量："你真棒”三个字能让人友好。

谁都不愿意身边总有一个说你这不行，那不行的人，谁都希望被别人认同。联合国教科文组织国际21世纪教育委员会提出教育的四大支柱：学会学习、学会做事、学会共处、学会生存。其中，学会共处的核心，就是会发现他人的优点，尊重多元文化，学会与不同的人共同生活，学会悦纳他人。

一个人长大的过程是一个社会化的过程，也是一个走出以自我为中心与同伴交往的过程。城乡孩子手拉手活动的价值，就是让他们走进一个自己原来不知道的世界——一个属于他的朋友的世界，从中发现朋友的优点，看到自己的不足，真诚地向朋友学习，在成长的路上能够手拉手一起进步。

在手拉手活动中，城市孩子发现了陌生的农村朋友朴实、真挚、有爱心、会劳动、爱学习的长处；农村孩子也发现了城市孩子开朗、活泼、有知识、有才干、爱动脑的长处，他们相互肯定、相互悦纳，于是成为影响自己一生的好朋友。

在我们生存的社会里，人与人之间息息相关，一句激励别人的话，一件有用的事，其效果是完全不同的。

所以，人与人相处，要相互鼓励，多给别人发出正信息。

有位信使叫多克，他的口袋里总是装着许多小纸条，上面写着一句鼓励的话语，在将电报送到人们手中的同时，他也留下一张小纸条，告诉他们“今天是美好的一天”，要“笑口常开”，“别再烦恼”。第二次世界大战期间，军队因为多克年龄太大而没有要他，但多克没有泄气，他自告奋勇，到野战医院做了一名志愿者，协助医生救助伤员。有一天，他突发奇想，在医院的墙上写下了这样一句话：“没有人会死在这里。”这句话在医院里引发了一场争论。医院领导说他疯了，要求擦掉，也有人认为这无伤大雅，不必擦掉。最后，大家决定把那句话留下来。没想到，不但伤员，就连医院的工作人员也都渐渐地把那句话记在了心里。

病人看到这句话坚强地活着，医生和护士们也尽力给予病人最精心的照顾。

你看，语言多么神奇，它能创造奇迹！

对自己来说，一句鼓励的话，可以交一个朋友；一句伤人的话，可以多一个冤家。

对他人来说，一句睿智的话，可以挽救一个生命；一句愚蠢的话，可以贻误人的一生。

知心对话

面对他人，你绝不要吝啬你的赞美，当你看到别人的成绩，你一定要说声“你真棒”，改变角度就改变了关系。赞美永远是不过时的交往艺术。只要你学会从别人身上寻找优点并给以赞美，你将会得到意外的收获。

面对陌生——付出才能融入

转学带来的烦恼

在一个城市待久了，你是不是觉得生活太平淡了，有点向往远方，想出门旅游，体会一下“流浪”的感觉。呵呵，熟悉的地方没有风景。

可是，如果你真的离开自己熟悉的城市，到一个陌生的环境，你又会觉得很不习惯，你不知道怎样开始新生活，怎样融入一个陌生的群体。我的一个小朋友——小魔女 COCO 就遇到过这样的烦恼。

小魔女 COCO 转学了。

她一百个不愿意，可没办法，爸爸妈妈工作调动，家从重庆搬到了北京。北京多好啊，有那么多好玩的地方，长城、颐和园、故宫、天坛……

可是，离开了生活 9 年的城市，离开了熟悉的学校、老师和同学，闯进偌大个北京，小魔女没有了朋友，孤独极了，哪儿也不想去。她要回重庆，哪怕一个人回去！

一天，聪明的 COCO 灵机一动，写信向知心姐姐求援，或许知心姐姐能帮助她说服妈妈，让她回老家。

在信中小魔女大倒苦水："过去在班里我是一个小干部，有好多事做，可是现在来到新集体中，没事可干，没人理我，我没有朋友，没有快乐，我很郁闷，我要回家！"

小魔女好可怜，孤独的感觉的确难受。

我给她回信说："人一生中要换许多地方，结识许多新朋友。走进一个陌生的世界，你要主动伸出手，别人才能和你手拉手。究竟怎样才能融入一个全新的群体呢？我不知道，可我相信你能行，一定行！"

半年后的一天，小魔女的妈妈告诉我，小魔女现在变化可大了，已经融入了新集体。

太好了！我们生活中，有许许多多随父母工作调动的孩子正面临着转学的烦恼，小魔女有什么魔法，让自己很快融入这陌生的群体呢？

我立刻给她发短信，让她帮我一个忙，把她的魔法告诉我，我好告诉别的小伙伴，谁让我们是朋友呢！

小魔女特够朋友。一放寒假就开始动笔，鸡年春节前的一天，小魔女发来"密件"，打开一看，写得真棒！

刚刚来到这陌生的城市，我很不习惯。真的，很不习惯！

首先，我放不下自己的故乡——那个可爱的山城。那里很美，起码我是这么觉得。白天可以爬上一座座高山，虽然不能说是千仞高峰，但是空气极好，有利于身心健康；晚上，可以观赏山城夜景，吃麻辣的红汤火锅，这一切真是人生当中的一大快事啊！

然后就是我的朋友了，我们认识很久了，长的有六年，短的也有一年了，都是我的"铁姐们儿"。我离开时她们那依依惜别的眼神我永远都不会忘记。

还有，教育我、哺育我的老师们；还有，那一栋我住了整整九年的大楼；还有，我最喜欢的盆栽；还有……总之，我想念故乡，而这里的一切却是那么陌生。我不习惯，真的不习惯。

"在沉默中爆发"，这句话最终会在我身上应验的，我知道。在整天的默默无言中，我的心里渐渐产生了压抑感，使我透不过气来。尽管我承认，我们现在的房子比以前大了不少，并且比以前还要漂亮得多，按常理说，这样的房间是更透气的。

不过还好，还有时间。我这样安慰着自己，还有一个寒假可以调整情绪。

一个寒假不用做作业，所以我每天都用玩电脑和看书打发时间，性格渐渐孤僻——不喜欢和任何人交流，因为我总觉得他们和我并不是一类人。

父母也渐渐发现了我的不正常，心里百感交集，他们常常在我将自己关在小房间里的时候偷偷议论我：

“整天只知道玩电脑、打游戏，要不就是默默地看书，以后还怎么和人交往？”

“是啊，这可怎么是好？”

我的耳朵出奇地好，他们的谈话统统钻进了我的耳朵里，当时我就很想说：“我不想这样，我想回去！”可是我知道，如果我那样说了，他们一定不会同意的。所以，我第一次把话窝在心里。

说实话，把话活生生咽到肚子里是一件很不舒服的事情，没有办法发泄，也是一件很不愉快的事情。每天，我心中都有一块巨石，狠狠地压得我心情沉重，情绪低落。

我以为我就会这样等到自己爆发，但是，那一件事改变了我。

那个下午，奶奶陪着我到楼下散步。奶奶不太认路，所以一个念头便在我的心头萌生，趁着奶奶欣赏小区美景的时候，我便悄悄溜走。

跑出大概四百米的时候，我躲到了一栋楼的后面，那里有一条蜿蜒小径，可以绕回家。我笑嘻嘻地看着奶奶站在那里干着急，心中不由得为这个小计谋生出一点自豪感。谁知刚一回过头，一条凶神恶煞的大狗恶狠狠地瞪着我，看得我心里直发毛。

我吓得呆在了那里。

那狗的主人就在旁边，我确信应该没什么危险，不过那狗似乎已经被激怒了，朝着我一个劲乱叫。

狗主人看起来有些紧张，也许是害怕那狗把我咬伤了，我的家长会要求赔偿，于是连忙喝住了那条狗。

“这条狗你怎么养的？这么听你的话，你一来就变老实了。”我苦笑道。那狗主人抚摸着自己的狗，那狗刚才的凶神恶煞完全没有了，温顺地偎依着自己的主人。

我想，反正他又不知道我是哪里人，就索性问起了这狗的一些事情。

回到家，我突然有种轻松感，以前的那种束缚没有了。原来从前约束我的就是不愿意交流的心态，交流中的障碍就是因为觉得自己和别人不同，觉得自己与别人不同的心理就来源于没有融入群体。

但是，怎样融入这个陌生的群体呢？我犯难了。我能接受这个陌生的群体，这个陌生的群体不一定能接受我这个陌生的人。

这种情绪一直困扰着我，直到开学。

站在讲台上，面对一双双陌生的眼睛，我有点害怕，介绍自己的时候声音也很小，以至于有的同学听错了，还闹了个笑话。

大概就是因为这件事，尽管同学们的热情多多少少让我想要主动说话，但是我总是有些疑人偷斧的感觉。

一个学期以后，我终于渐渐悟出了融入群体的方法——多付出。

这里不像从前，没有午休。由于不大敢说话，很少和同学们一起出去玩，所以中午对我来说是很无聊的。不过还好，唯一能供我消遣的就是书。

那天中午，我带了一本《小妇人》到学校去看。正当我看得津津有味的时候，坐在第一组的WINDY把我的书拿走了，一边看着书的名字一边问我：“你的？”

完了！我想，这下得回答人家吧，我可开罪不起。于是尽量简练地回答：“是。”

“嗯，挺好的。”她用欣赏的眼光打量着这本书，然后放下它，双眼直直地看着我，“你看完了能不能借我？”“行！”

就这样，我借出了第一本书。

几天后，WINDY突然找到我，指着书背后的书目问我：“你有哪些？”“我啊，嗯……我有这个，还有这个……”一阵指来指去，搞得WINDY晕晕乎乎的。没办法，只能用圆珠笔把我拥有的书一本一本圈出来，只不过我当时并没想到那深深的圆珠笔印后来会成为我极有价值的珍藏。

“那好吧，你明天帮我带这本、这本……”WINDY一下子点了好多书，不过我倒没关系，几本书算什么？

……

不久，为了让WINDY看到我所拥有的多种多样的书，我列了一个书目表，很快，这个书目表在全班同学的手中传遍了。半个学期后，我的书包比其他同学的重了十倍……

一个学期后，我突然发现我居然融入这个群体了，并且已经和同学们“混”得非常熟了。

原来小魔女的秘方是：付出才能融入。用她的话说：“面对陌生，要善于融入群体，勇于为群体付出。”

本来嘛，一回生，二回熟，你来我往，陌生就变成熟悉了。对每个人来说，世界本来都是陌生的，你走近了他，他也走近了你；你帮助了别人，别人才能记住你；你老一个人待着，谁敢走近你？你不付出，谁会在乎你？

面对陌生，如果你能处处表现出热忱，热心去帮助别人，就能吸引很多朋友。相反，那些只为自己打算，斤斤计较的人，就会到处被人冷落。有些人不舍得为大家付出，尽管他学习很好，也很有才能，但他没有凝聚力。

你想尽快融入一个陌生的群体吗？你想成为一个受欢迎的人吗？那就像小魔女COCO那样，伸出你的手，奉献你的力吧！

对了，我还忘了告诉你，小魔女COCO的大名叫杨可杨，属猴，鸡年该升初中了。

知心对话

面对陌生，你要主动伸出手，奉献你的力量！一回生，二回熟，你来我往，陌生人就会变成朋友；面对陌生，你要主动付出，付出才能融入。

你帮助了别人，别人才会记住你，你为集体付出爱心，集体就会拥抱你！

面对后妈——善待才能融合

后妈也是伟大的

一个女孩对我说："爸爸妈妈离婚了，我跟了妈妈，妈妈找了一个新爸爸。我很烦恼，您说我该怎么办？"

我对她说："你看见街上跑的车了吗？有的车后面贴了两个字——'磨合'，这是新车，新车都需要磨合。你们的家就是辆新车，妈妈是老轱辘，爸爸是新轱辘，两个轱辘要一起转就需要磨合，'磨合剂'就是你，如果你能大大方方喊声爸爸，你们家的车就能很快上路了。"

聪明的女孩听了我的话，找了个适当的机会喊了声"老爸"，他们家的车就"上路"了。

你看，其实就这么简单。这个方法，我曾告诉过好多有新爸新妈的孩子，他们都觉得特管用。叫一声"爸爸""妈妈"，不仅仅是一个称呼，更是对继父继母的尊重。这是一种积极乐观的态度，态度决定一切。好心态就有好生活。

你知道犹太人常说的三句话吗："本来就是这样""一切都会好的""我们肯定会赢"。你也试试看，把这三句话用在自己的生活中。"本来就是这样”：爸妈长期感情不和，离婚是正常的，再婚也很正常；“一切都会好的”：失去的就让它失去，新的家庭经过磨合后，会一天天好起来；“我们肯定会赢”：只要你和新爸爸、新妈妈以诚相待，一定会有甜蜜温馨的新家。

你是不是觉得后妈后爸很陌生，害怕和他们相处。其实，如果你能带着这种好心态与后妈相处，你会发现亲妈后妈都一样，都疼爱孩子。

河北唐山市矿区的一个五年级女孩，叫孔洁，她5岁那年，爸爸妈妈离婚了。

法院判决的那天，妈妈知道女儿爱吃鸡蛋，特地给孔洁带来几个熟鸡蛋，疼爱地抚摸着她的头，含着泪说：“以后要听爸爸的话，妈妈要走了。”孔洁这时才明白妈妈再也不能和自己一起生活了。她哭了，把鸡蛋丢得远远的……

后来，孔洁又有了新妈妈。新妈妈不久就生了个小妹妹。一开始孔洁很讨厌后妈，她想：“本来这个后妈就不是亲的，又生了一个小妹妹，她肯定对我就更不亲了。”

她晚上做梦：梦见亲妈妈回来了，亲吻她，爱抚她……她正高兴呢，亲妈妈忽然不见了，孔洁急了，拼命地喊着“妈妈！妈妈！”

“小洁，醒一醒。”孔洁睁开眼睛，后妈正坐在她身边，温和地说：“怎么，梦见妈妈了？”孔洁不说话，只是偷偷地流泪。

第二天一早，后妈叫醒她，她起床一看，哇！是鸡蛋。后妈说：“小洁，妈妈给你煮了几个鸡蛋，当早饭好吗？”

孔洁笑了，她想，后妈并没因为有了妹妹就不要自己，从那天起，她开始喜欢后妈了。

后妈爱你的爸爸，也一定会爱你。如果你带着成见去看她，就会觉得她处处偏袒亲生的孩子而忽视你，就会对后妈产生怨恨。其实你冤枉后妈了，一般说来，后妈为了有美满的新家，常常会更疼爱丈夫前妻的孩子。

浙江兰溪第一中学的女生蒋贝尔体会很深，她说：“其实后妈也一样是伟大的母亲，甚至常常要付出更多的爱心才能赢得孩子的心。因为，她的‘孩子’在刚开始常常是斜着眼睛看待她的爱。”

蒋贝尔写了篇《后妈也可以是伟大的母亲》，登在《知心姐姐》杂志上，

文章生动细腻地描述了她和后妈的关系是怎样从“冷战”变成“融合”的，她自己又是怎样从“刁民”变成“女儿”的。

我9岁那年，妈妈去世了。我从一个无忧无虑的宝贝沦落成一棵草。接着，我又进入另一种恐惧之中，也许，有一天，我会像闵子骞一样，缺衣少食，以芦花御寒。会像白雪公主一样，被心狠手辣的后妈虐待凌辱。那以后，我怕极了，一直睡不好，做很多梦，梦里都是妈妈。

半年后，她来了。带着她的儿子小泉。我时刻保持警惕，并常常提醒自己，不可以吃苹果，绝对不可以。

一夜间，家里变了模样。面对焕然一新的家，我找不到关于妈妈的一切。怎么可以？没有人可以这么做！我敌视她，像个穷凶极恶的刁民。是她夺走了属于我的一切，包括快乐。我不会善罢甘休的。

我吃她做的饭，穿她洗的衣，却不感激她。我把她的新床单剪得丝丝缕缕，将她的枕套挖出无数个小洞，踩坏她的发卡，打碎她的镜子，还做出一脸无辜的模样，无缘无故地揍她的儿子，呵斥他，不带他玩，也不许别的小朋友跟他玩。虽然，无论吃什么，小泉都让着我。在我玩得忘记时间时，也是小泉提醒我回家。她做饭晚了，我把她的红塑料梳子扔在炉子里，烧出一屋子呛人的气味。她不怪我，摸摸我的头说：“下次别这样，会伤着你的。”爸爸气得直跺脚，骂我是祸害精，追着要打我，都被她劝下。我是个垂头丧气的胜利者，她这样对我，又让我对她恨不起来。

她依旧对我好。她会蒸糖角包，包大馅饺子，还会烙饼。这我都喜欢，她烙的饼比妈妈做的还好吃，可是，我多么不愿意承认。

13岁生日那天晚上，一家人陪我吃完生日蛋糕后都去睡了。不知道过了多长时间，我突然被一阵雷声惊醒，紧接着外面下起瓢泼大雨，从小就害怕电闪雷鸣的我，哭着缩在被子中间。我以为，我要死了，我以为，是老天报应我，有这么好的后妈都不知道珍惜。可能哭声太大，不一会儿，她披着衣服跑进我的房间，柔声地哄我：“不怕，不怕，乖女儿。”她将我抱在怀里，第一次，我没有拒绝她。

我不再寻衅滋事，但还是不叫她妈妈。偶尔在餐桌上说个笑话，看她和爸爸眉开眼笑，我就想，她要是妈妈该多好。

初二下学期，我经常失眠。整夜整夜睡不着，人变得恍恍惚惚。终于，我头痛欲裂，病倒在床。她请来中医，给我把脉。医生说："压力大，营养不好，不碍事。"接着开了药方子，她急忙跑出去抓药。煎好的药一端来，我干呕不止，喝不下，还冲她大发脾气。

她给我开小灶，变着花样做饭给我吃。小泉嫉妒，冲我翻白眼，我感到很幸福。我说："这排骨没放盐，小泉你尝尝。爸，不信你也尝尝。"她犹豫着，伸过筷子。她挺想不通地说："怎么会呢？我明明放盐了。"爸爸呵呵地笑了，小泉趁我不备，抢我碗里的排骨。两双筷子在碗里欢快地碰撞着。

不多久，她又端来一碗粥，里面有砸碎的核桃仁和一种形状像芝麻、口感像松子、气味清香的米粒。她说她问过医生，这个东西补脑安神，也许可以治失眠。每天11点多，她守在炉前，煲好一碗粥，端上来，催我趁热吃。我从题海里拔出头来，接过，一句话都懒得说。我喝粥时，她开始铺床，打来洗脚水，叮嘱我早些睡。一连六个多月，日日如此。很神奇，我的睡眠日益好转，不再莫名地烦躁，也喜欢上了她做的那种气味清香的米粥。

经历了许多事后，我越来越爱她，爱她的善良，爱她的宽容大度，爱她为我做的一切一切，可不知为什么，那句妈妈，我始终无法叫出口。

暑假，爸爸把我送到黑龙江的奶奶家中。刚开始几天和表弟他们玩得挺开心，可不知为什么，我忽然想家了，尤其想她——和我们一起生活了几年的后妈。晚上，我拨通电话，是小泉接的。

"弟弟，"我说，"你让妈妈听电话。"第一次叫小泉弟弟，过了好一会儿，小泉才哽咽着喊妈妈。

"妈妈。"我一股脑地说出心存已久的话。"妈妈，我想你了，我一直都在想你。妈妈，我又失眠了，再过几天，我想回去，你再给我煮柏子仁粥好吗？”

电话那端好久好久不说话，终于，妈妈忍不住，哭出声来。

知心对话

面对后妈，捧出你的爱！有爱的孩子才能感受到妈妈给你的爱。

面对后妈，张开你的双臂去迎接她。人都是有感情的，你欢迎她，她才会悦纳你，世界上多一个人爱你，这是多么幸福的事，千万别让幸福跑掉哦！

面对后妈，不要吝惜“妈妈”这世界上最神圣的称谓。对于后妈，最大的幸福莫过于孩子喊她一声“妈”。

面对老师——悦纳才能共处

以师为友

作为学生，经常面对的人当然是老师，也因此师生之间的关系，变得非常微妙、非常有趣：情谊在不断加深，矛盾却时有发生。所以，有的同学爱老师，有的同学烦老师，甚至有的同学还会恨老师。

十四五岁的中学生，究竟都喜欢什么样的老师呢？

上海的一家市场策划公司就围绕这个问题，对全市 11 所中学的 344 名初、高中生，以随机抽样的方式，进行了一次问卷调查。

调查结果是：有 81.5%的中学生最喜欢活泼幽默的老师，有 72.8%

的中学生最喜欢和蔼可亲的老师，而认真和严肃的老师就不怎么受欢迎了，分别只占到了12.6%和11.2%。

同学们普遍觉得：活泼幽默的老师能给人一种亲切感，能拉近老师和学生的距离。在教学上，这样的老师也能运用他们的活泼幽默调动课堂气氛，增加学习的趣味性，令他们愉快轻松地接受知识而不感到枯燥。

和蔼型老师的慈祥长者形象，同样能让同学们在课堂上表现得无拘无束、轻松自如。和那些威严的老师相比，面对和蔼型老师同学们更愿意向他们敞开心扉。

那么，“严肃的老师”有哪些方面不受学生欢迎呢？

上海市明珠中学学生、上海《少年日报》“小伙伴周刊”记者周瑾对自己所在学校的八年级进行了一次调查，发现同学们最不爱听严肃老师的话。

四位班主任的语言：

在我们学校八年级有四个班，同学们每天都在很认真地学习着。然而，请听听，老师们却是这样说的……

一班其实是年级中最优秀的班级。

一班数学班主任：“你们是全年级……不！是全校最差的班级。做作业不认真，上课还总要发表自己的意见……唉！考重点中学是没有希望啦，我真不想多说了。”

二班其实是年级中最努力的班级。

二班语文班主任：“你们可真笨啊，怎么教也教不会。看看人家一班，成绩好，品德好，纪律好。可再看看你们，一个个傻乎乎的。再多学十年，你们也赶不上一班。这样下去，你们父母掏的4500元学费就只能打水漂。”

三班其实是年级中最机灵的班级。

三班数学班主任：“你们就会耍‘小聪明’。一班是出了名的‘全能王’，咱们不去比；四班的文科是强项，咱们也不说了；二班的同学心眼儿好使，又有一定的数学基础……可你们又有什么能拿得出手呢？一考试准是你们垫底。父母急，老师也急，可你们自己倒是一点也不着急。唉！真不晓得，你们整天都在干吗呢？”

四班其实是年级中文科成绩最棒的班级。

四班英语班主任："唉！一班数学一流，我们班的平均分竟然差了他们10分，可英语最多只能'捞'回来两三分，这可怎么办呢？二班的物理成绩也在飞速进步，三班同学个个比你们脑筋灵光……照这样下去，中考你们是不是准备罢考啦？算了，反正出去也得被人家'踩死'，我真是对你们失望透了。'皇帝不急太监急'，害得我每天晚上都睡不着觉（老师的专用口头禅）。"

四个班的同学私底下交换"信息"后，大家都被搞糊涂了：怎么在班主任的眼中，孩子都是别人的好？难道，我们真的有那么差吗？

有几个高中男生给我打来电话，也是告老师的状："有没有搞错？简直是太离谱了！我们都已经上高中了，可班主任老师还是动不动就找家长。"

"你们的班主任是男老师还是女老师？"我问。

"女的呗。"

"是年轻老师还是老教师？"

"年轻的。"

"个子比你们高还是比你们矮？"

"矮多了，没得比！咱都一米八了，最次也有一米七。可她呢，还不到一米六。"

"依我看，太离谱的应该是你们。"我毫不客气地说，"一群一米七八的大个男生，竟然把身高还不到一米六的年轻女老师气得要找家长。你们说说，自己是不是闹得也太厉害了？再说了，一群男子汉，连个女老师都搞不好关系，你们也太没本事了。"

"哇塞！您是哪一头的？也太不给我们面子了。"电话那头，男生们叫了起来，"不过，您说得也有点道理。那我们就试试吧，争取尽快摆平这件事好了。"

几天后，他们又打来电话告诉我说："全部搞定，我们和老师谈和了。"

"哦？这么快。你们都达成什么协议了？"我有点好奇。

"她答应我们今后不再找家长，有问题就按'人民内部矛盾'对待。我们也答应她，以后不再捣乱，还要帮她维持班里的纪律呢。"

"你们是怎么谈成的呢？"我更想问个究竟。

“拽上她和我们出去郊游了一趟。说真的，别看人家是个女老师，其实挺活泼、挺开朗的，也特爱玩。我们一块爬山，一块抢着背包，玩得别提多爽了！她还一个劲地夸我们几个哥们儿够意思呢。”

真是不得了！要说这些男生还真有本事，主动进攻，火力也挺猛，居然就把老师“争取”过来了。本来嘛，“人之相识，重在知心”，人是有情感的动物，师生之间除了教与学的关系，也可以成为无话不谈的朋友嘛。

每个人都爱听鼓励的话，你是这样，我是这样，老师也是这样。对那些受学生欢迎的老师，你千万不要忘了对他说声：“你真棒！”更不要忘了，如果有机会，最好拿起笔写出来，广泛宣传，让更多的人知道，学生喜欢什么样的老师。

在这方面，云南大学附中初二（3）班的朱秋晔同学就做得很好。她的老师把她写的作文寄给我看，作文的题目是：《老师的笑》。写得特棒！

我们班的英语老师是个年轻漂亮、活泼可爱的女士。她很有特点，讲课别出心裁，语言新颖简洁，着装大方漂亮……但最有特点的，要数她的笑。

一般来说，班里的同学出于礼貌和尊重，平时见到老师都会主动问声好。对班里那些学习努力刻苦、成绩非常优异的同学，她总是绽开甜甜的笑意，像是心头搁着一块蜜糖，老也溶化不完。泛着红晕的脸上，笑得就像一朵盛开的荷花，嘴里还不停地回应说：“好、好、好，你好！”长长的秀发在脑后飘来摆去。对那些学习成绩中等偏上的同学，她的双颊也会浮起两片红云，嘴角上翘，变成一弯月牙儿，不说话，微微笑笑就轻轻地走开了。对于那些学习成绩中等偏下的同学，她的一边嘴角会微微上翻少许，瞬间又恢复平常，就像是什么事都没有发生一样。可是，对于那些学习成绩较差的同学，她那一向红润的脸颊却像一朵凋谢的花，没有一丝笑影，顶多是用眼角轻轻瞟上对方一眼，轻轻点点头，脸拉得老长，一脸的轻视，一脸的满不在乎……

人人心中都有一杆秤，有的平平正正，有的左偏右斜。可是谁能想到，我们老师的“心灵秤”竟是这样的不平正！她的笑意以及对学生的爱意，都通过每个学生成绩的好坏写在脸上了。虽然，喜欢成绩好的学生是每个老师的天性，但老师对待好学生和差学生也不应该有什么区别呀，因为他们同样都是老师的学生啊。一个好学生就如同一张白纸，可不管纸再怎样洁白，上面也有黑点；一个差学生就好像一张黑纸，可不管纸再怎么黑，上面也会有白点的。所以，学生之间其实不应该用成绩的好和坏来区分，也不能用一次考试或测验成绩的好坏来对学生进行评判，任何事情都在不断地发展变化中。老师如果能够看到黑纸上的白点，能够做到欣赏学生，鼓励学生，帮助学生自信起来，相信白点就会越来越大，最后变成一整张白纸。反之的做法，就很可能会泯灭学生的自信心，使学生破罐破摔，越变越坏……

假如所有的老师对学习成绩不好的学生都不再轻视，都多一些关注；假如所有的老师对学习成绩不好的学生都不再厌烦，都多一些疼爱；假如所有的老师对学习成绩不好的学生都不再不屑一顾，都多一些笑脸；假如所有的老师对学习成绩不好的学生都善于去发现他们的优势，都多一些交流，那么，世界上就会多出许多个品学兼优的好学生、好孩子。

后来，我把朱秋晔的这篇作文给一些严肃、不爱笑的老师们看了。她们看后也都“笑”了，并说：“平时真的该对学生们态度好一点，其实他们都挺可爱的。”

你看，鼓励的效果就出来了吧。

孔子说过：“己所不欲，勿施于人。”既然不爱听老师的讽刺、指责，那你最好也不要去讽刺、指责老师；既然希望老师对你绽开友好的笑脸，那你最好先对老师友好地笑一笑。要知道，怒气可以传染，笑意也是可以传染的。

如果你受到老师的批评，最好先静下心来想清楚一个道理：老师是因为在乎你才会批评你的。如果他打算放弃你，早就不会理你了。然后嘛，你就要正确地对待这些批评了，要做到“有则改之，无则加勉”。

如果确实是被老师冤枉了，你就要找机会向老师解释清楚。一时解释不清楚也不要着急，可以先放一放，反正事情早晚能够说清楚，事实胜于雄辩嘛。

如果你真心希望能和老师成功沟通，我可以把鲍威尔的成功秘诀教给你：

急事慢慢地说，大事想清楚再说，小事幽默地说，没有把握的事小心地说，做不到的事不乱说，伤害人的事坚决不说，没有发生的事不胡说，别人的事谨慎地说，自己的事怎么想就怎么说，现在的事做了再说，未来的事未来再说。

如果你还不满意，那么，我再介绍一个师生成功沟通的好活动给你：这就是宁夏回族自治区银川市第十中学开展的“师生书信情感互动”活动。

在活动中，银川十中的师生们通过6条渠道加强了相互之间的情感交流：

1. 个别交流，老师和部分学生保持长期通信；

2. 集体交流，利用一节课的时间组织全班学生一起给老师写信；

3. 公开性交流，准备一个留言本，供老师与学生、学生与学生之间相互留言，表达自己对建设班集体的想法和建议，任何同学都可以自由发表对班集体的建议；

4. 日记式交流，老师通过批改日记，写上沟通情感的批语，引发学生情感的共鸣；

5. 赠言式交流，师生之间通过学生学期鉴定等形式，互写对话式的评语，或者用精美的卡片填写赠言警句相互交换；

6. “成长袋”式交流，让学生自己动手设计“成长袋”，用来收藏自己成长过程中的作文、试卷、绘画和手工作品等。

所以我建议，你不妨开动自己的智慧，结合自己的特点，在你们班里也开展一些富有人情味的交流活动。祝你成功！

知心对话

面对老师，悦纳和沟通最为重要。

聪明的人一定会以师为友，多与老师交流沟通；只有傻瓜才会以师为敌，处处与老师作对。

我相信，只要积极地悦纳老师，主动接受老师的教诲，那你的成长中就会多一缕阳光，多一滴雨露，多一份营养！

面对女生——自强才能服人

我是男生，我最棒！

男孩，多神气的称呼！

可是，现在有些男孩讲起话来奶声奶气，做起事来扭扭捏捏，娇滴滴的像个洋娃娃。

有一个福建的 boy 就委屈地对我说：“我又不是女的，可她们女生都说我是女的，这是怎么回事？”

我对他说：“大家分辨男孩女孩，不仅仅是看他剃平头，还是梳小辫；穿短裤，还是穿裙子，还要看他的气质。具体说，是看他胆大还是胆小，勇敢还是懦弱。男孩常常好动、顽皮、大胆、好奇心强，甚至有点‘野气’。同学们说你是女的，很可能是因为你平时胆子太小了。对吗？”

男孩点点头：“没错。她们总说我上课回答问题的声音像蚊子哼哼。”

“那你为什么不能大点声？”我问他。

“我怕说错了，别人笑话。”

“这不找到问题了吗！就是一个‘怕’字在捣乱。其实大家瞧不起的，不是回答错了，而是不敢回答问题。你敢站起来回答问题，已经很了不起，如果能大声点，就更了不起了。”我鼓励他。

“怎么做声音才能大点呢？”男孩又问。

“那好办。回答问题时，你心里就想着我是堂堂男子汉，胆子一下子就会大起来。另外，你每天早晨，对着墙壁或在外边，大喊‘我是男子汉，我最棒！’一是练气，二是练胆，日久天长，说话声音自然会大了。”

面对女生，男孩就要表现出男子汉的阳刚之气，同时男孩的气度要大，要能宽容。

有一次我去上海，在一所小学的操场上，一个戴中队长臂章的男孩跑过来找我。

“我姓赵，可同学们叫我‘赵老包’，我很憋气，想辞职，不当这个受气的干部。知心姐姐，你说行吗？”男孩很委屈。

我看着他，让他把头抬起来。“赖宁也有个外号，你知道叫什么吗？”

“癞蛤蟆。”

“瞧，这个外号比‘赵老包’难听多了是不是？可赖宁没有生气，赖宁为什么能这样做？就因为他心胸开阔，能宽容别人，他总想，同学们不一定是恶意。这是一个人有力量的表现。你应该想，叫我‘赵老包’，说明我办事公道，像包公一样。”

男孩笑了。又问我：“怎样才能做到宽容呢？”

“理解对方的真正用意。对有意的攻击要毫不留情，但对无意的伤害要宽宏大量。别人误解了你，别忙着解释。给他一点时间。俗话说‘日久见人心’嘛！同意我的看法吗，赵老包？我还认识一个男生，外号叫‘小灵通’。因为他对科技信息、时事新闻非常关注。你瞧，同学们喜欢起外号，其实是善意的。是在乎你，喜欢你的表现，当然也是为了好玩。”

男孩不好意思地笑了。

你们应该知道，真正有气度的男生，是那些会保护女孩的男孩。

有一次，在北京一个小胡同里，几个男孩子围在一起，正商量什么“秘密”。我正巧路过，好奇地凑过去。

“我可以加入你们的行列吗？”我问他们。

“你是谁？”几个男孩警惕地问我。

“说出来，你们一定知道，我是《中国少年报》的知心姐姐呀！”

“哇！是知心姐姐，欢迎欢迎。”男孩们高兴地叫着，把我围起来。

“好呀，你们要是愿意做我的知心朋友，就和我说说，你们刚才在研究什么事？”

“成呀，对知心姐姐什么都能说！”几个男孩交换一下眼色，其中一个气呼呼地说：“我们在商量怎么对付那些女生。她们太讨厌了，我们跟她们闹着玩，打了几下，她们就去告诉老师。为这，老师把我们哥儿几个批得够呛。我们几个商量，要狠狠教训她们几个，出出这口气，我们可都是男的。”

“那些女生真可恶，动不动就哭，还在老师面前撒娇。”

“斗不过男生就去告状，打小报告。”

“你们可真够‘英雄’的。可是你们知道，世界上什么人最有力量吗？”我问他们。

“个子大的。”“人人怕的。”男孩子们七嘴八舌。

“错了。是人人敬的。”我说。“人们尊敬的人，是主持正义的，道德高尚的，对人民有贡献的。那种欺负弱者、欺负女性的人，是不道德的。人们表面害怕他，心里却瞧不起他。男子汉的力量，不是表现在欺负女性上，而是表现在保护女性上。男生不和女生计较，才算有风度呢。”

接着，我给他们讲了一个真实的故事。

四川有个男孩，平时总以打女同学为荣。一年暑假，他去农村老家，和小表弟一起抓蛐蛐玩。小表弟抓的两只小蛐蛐斗得很激烈，可他抓的两只大蛐蛐就是不斗。他问小表弟：“这是怎么回事？”小表弟看了看说：“两只母的不斗。”

他马上抓来一只长须小蛐蛐，换出一只大的，可还是不斗。他又去请教小表弟。小表弟看了看，笑着说：“一公一母才不斗呢！”

他明白了，把两只全换成长须小蛐蛐，结果斗起来了。

后来，他把这些写进了日记:“公蛐蛐都不斗母蛐蛐，我老欺负女同学，我还不如那蛐蛐。”

老师把他的日记在全班读了，同学们哄堂大笑。老师问大家：“在动物世界里，还有没有这种现象？”同学们争着回答，举出了大象、鹿、老虎、狮子……许多例子。

大家明白了什么是男性美。全班开展了“友爱在我们中间”主题活动。这个男孩带头成立了“敢死队”，专门保护女同学和小同学。

我的故事讲完了，男孩们沉默了。忽然，一个孩子大声说：“明天咱们和她们女生讲和。”

“对，好男不和女斗。”

怎么样，知道怎么面对女生了吗？

知心对话

面对女生，男子汉要挺起胸，站如松，坐如钟，说起话响铮铮，走起路脚底生风，不用看你的头发，女生准会说，你是男生。女孩子喜欢有阳刚之气的男生。

面对女生，你要俯下身，倾听爱说的女生说话，聆听爱唱的女生唱歌，“女士先行”你一定不要忘记，女孩喜欢有风度的男生！

面对暗恋——忽视才能重视

别太在乎他

“为什么爱一个人会这么难？为什么爱一个人又是这么苦？”很多女孩向我诉说她们内心的痛苦。

一个初中女生打电话告诉我：她很喜欢班上的两个男生，“莱昂纳多”长得很帅，但是不爱说话；“贝克汉姆”倒是爱说爱笑，可是，却不只冲自己一个人笑。“真不知道哪一个才是我的真爱，而且，他们两个我都不想放弃。可是，我又不知道应该怎样向他们表白。这可倒好，整天过得迷迷糊糊的，一颗心好像总在半空中游荡，上也上不去，下也下不来，上课时一个字都听不进去。晕！没法子，我只好天天晚上写日记，写他俩的名字，写我心里要对他们讲的话……可结果呢，别提了！越写越伤心，越写越苦闷。我的世界简直变得一塌糊涂。知心姐姐，我能怎么办？我该怎么办啊？”

我对她说：“忘掉他们，日记中不要再提他们名字，平日里也不要再想他们。”

“Why？”她叫了起来，“太夸张了吧。”

“因为你还没有长大，还没到谈恋爱的时候。你并不清楚自己真正想要什么，也不清楚什么人更合适，更不清楚爱情到底是什么。”我很坦率地告诉她，“要我说啊，你现在的这种爱，只是一种暗恋，一种单方面的爱慕。可是，这种暗恋、单恋，最终的结果只能是苦恋、失恋。”

说真的，看到这个女孩这样可怜，有些话我才憋在心里没有说出来：你们可以想想，每天花那么多时间去惦记他们，耽误了自己的学习人家还不知道，这不是显得很傻吗？万一将来人家高中毕业考上了大学，碰上了比你更优秀的女孩，肯定就把你忘了。可你呢，一个人陷入痛苦之中，没人知道，也没人理解，拼命挣扎却不能自拔，结果很可能是大学没考上，本领也没学会。等到那个时候，就算你能明白过来，可大好的青春早已逝去，后悔都来不及了。

其实在现实生活中，还有不少女孩正面临着类似的痛苦和烦恼。所以，我每天都会接到这样的求助信。一个初中女生在信中说：

知心姐姐：

我是一个初二的女生，虽然刚刚步入花季年龄，可心里却早已塞满了无数个小秘密。最近，我发现自己对一个男生特别好，帮他记作业，陪他聊天，有时还一起结伴回家。不知不觉中，我对他产生了一种说不出的好感。虽然有时我会克制自己，不去想这些，但情难自禁啊。放学时，我就盼望着他请求我等他一起回家的声音；课间，我更盼望着他陪伴在我左右的身影……总之，只有他在我身边，我才感觉到心安，感觉到快乐。

但是，或许他不是这么想的。他很帅，而且是我们班的班长，据说班里有一大半的女生都在追求他。可他的眼光很高，我真怕他看不到我的存在。记得那天在车上，我无意中遇到他，见他旁边站着好几个女生，都挺靓的。看到我，他示意我站到他的身旁。突然，有个漂亮的女孩向他索要电话号码，真把我吓了一大跳！但是，他的一句“你是谁啊？我不认识你”，就让我的心里好受多了，那股醋意也顿时消散了……

但是，或许他不会体会到我的感受，更或许他只是把我当成了一个陪他度过孤独时刻的工具。每当看到他在课间和女孩子打打闹闹，完全忘记了我的存在的时候，我真的感到非常难受。有时，我也会不停地提醒自己，别对他那么好，别让他只是把我当成了他的保姆。可是，我又真的希望自己能在很多地方帮助他，让他记住我的存在。

知心姐姐，您能告诉我吗，我现在应该怎么做？说真的，我心好乱，生怕他忘了我的存在。我真的太在乎他了！

我很快在回信中对她说：

很感谢你把心中的秘密告诉了“知心姐姐”。从你的描述中我知道，你们的班长的确是一个“很帅”的魅力男孩。所以，你和全班的女生都很在乎他，愿意和他在一起，互相交流、相互学习。这本来是一件很好的事，但是，“太在乎”就容易出现问题了。

当你“太在乎”一个人时，就会把这个人的一言一行、一举一动，都和他是不是喜欢你联系在一起。可怜的是，对方也许只是把你当成一个普通的朋友，并没有十分在乎你。因而，他的一言一行、一举一动，或许都和你一点关系也没有。如果陷入这种单相思，真的会让你感到很累很累。

同时，“太在乎”一个人往往会丢失自己，使你变得越来越没有自信，更进一步陷入深深的烦恼之中……

之后，我给她讲了我儿子的故事。

记得儿子上中学时，一次我去学校开家长会。他的班主任是位年轻的女老师，见到我就笑眯眯地说：“您的儿子很有眼光，看上了我们班的一个女同学。那个女同学个子高，长得也很漂亮，学习又好。可是，好像那个女生对您儿子并不在乎，所以他近来显得有些苦恼。”

听了这话，我顿时也苦恼起来：“我的儿子那么好，她居然会看不上！”是啊！当妈妈的嘛，谁会不觉得自己的儿子天下第一呢？后来，我很想和儿子好好谈谈，可又怕他不好意思。于是就在一张小纸条上写了三句话，放在他的电脑键盘上：

一个国家强大了，别的国家会主动跟你建交；一个人强大了，别的人会主动跟你友好；一个男孩强大了，好的女孩自然就会来到你的身边。

不知是不是这张纸条起的作用，反正儿子最终走出了烦恼，成了一个豁达、开朗、有能力、有魅力的小男子汉。

“其实，男女都一样，”我最后对那个初二女孩说，“如果你真的‘在乎’他，就要做得和他一样好，甚至还要比他更出色。我相信，看到你的与众不同之后，他也会‘在乎’你的。”

就在我为这个女孩掀开那块压在心头的大石感到欣慰时，又一个署名“急需帮助的女生”遇到了同样的苦恼，她在给我的信中说：

知心姐姐：

您好！我现在是一名高一的学生，学习成绩仍像以往一样，排在班里前5名。但是，有所不同的是，他不在了。

那是初三的下半学期，我转学到了附近的初中就读。就在那个教室里，和我说话的第一个男生就是他。用不同于其他男生的眼神读懂我的也是他。我记得非常清楚，每当我们面对面的时候，他就像触电似的望着我，好久好久……他英俊、聪明，旁征博引的谈吐更是令我倾心。他经常找机会和我说话，话中又隐含着多少关心……只可惜，那时的我还很不成熟，也很SHY（害羞），生怕和他那样下去会影响自己的学习。所以，我从没表露出自己的一点点爱意……

现在，我们已经不在同一所高中了。但是，每当想起他来，我就睡不着，也吃不下。我这才意识到，我现在仍深深地爱着他！

可是，我不知道他现在心里是否还记得我？是否曾经真的爱过我？知心姐姐，您说我该怎么办呀？和他联系，还是彻底放弃他？

我开给这位高一女生的“处方”是：不要急于和他联系，更不要轻易向他表白你的爱意。因为，人是会变的。为了说明这一点，我还给她举了一个真实的例子：我小时候，班里也有这样一个男生，个子高高的，脸庞白白净净的，学习也特别好，还当过大队长呢！所以，班里的女同学都很喜欢他。可是，过了30年后，当我们再次见面时，大家发现，他的个子好像再没怎么长高，脸庞也没那么白了，整个人更不像从前那样有魅力了……

所以，我最后告诉那位高一女生：“你现在要做的事就是，把自己对他的那份感情暂时埋在心底。再过几年，等你们都长大了，再看看自己是不是还喜欢他，还爱着他。如果答案是肯定的，那就再和他联系好了。孩子，请记住我的话吧，暗恋中的人是最愚蠢的，所以这时候，最好什么都别干。”

知心对话

面对暗恋，你最好打开心灵的窗户，让生活的阳光照射进来。阳光多了，烦恼就会少些。

面对暗恋，你最好走出心中苦闷的小屋，走到众多的同学们中间，去喊、去笑、去倾诉心声。朋友多了，世界就变大了。

做一个阳光少年吧！你高兴，别人也会快乐。

面对评价——宽容才能和谐

谁当班长

你当过“官儿”吗？

当然了，同学们现在还是学生，所以，我所说的“官儿”也就是个班长、中队长，甚至是课代表、小组长。别看这个“官儿”不大，可真想干好它却并不容易：你认真一点，可能有的同学就撇嘴了“什么呀，事儿事儿的！整个一个‘事儿妈’。”“哼，神气什么？假正经！马屁精！”……可你要是真的干得不认真，他们又会说“占着茅坑什么什么”的，而且，老师那儿也说不过去啊。唉！做“官儿”怎么就这么难啊。

既然有这么多的想法，我就先讲个“争官儿”的故事。

新学期开始了，文具学校涂改班的教室里热闹无比。原来啊，班主任钢笔老师刚刚宣布了一个新决定——由同学们自己选出班长。

“我希望同学们充分发扬民主精神，本着公平竞争的原则，积极发表意见，选出自己心目中最称职的新班长来。”钢笔老师这样说道，“事先说明一点，这次选举老师不参与。等大家选举决定后我再来宣布结果。”

钢笔老师一走出教室的门，班里顿时变得鸦雀无声。大家你看看我，我看看你，脸上的表情都显得怪怪的。可是突然之间，像是热锅里猛地扔进了一把炒豆，沉默的气氛一下子就被打破了……

就在大伙儿七嘴八舌的争论声中，戴着高帽子的涂改液抢先蹦上讲台：“同学们，这还用讨论吗？自然是我最适合当班长了。大家想想，咱们是涂改班耶，涂改液是啥意思？理所当然的形象代言人嘛！不是我老王卖瓜——自卖自夸，人家写了错字，请咱出手，我只要把肚子里的‘水’往外一抖，就一切OK了，保证干得干净漂亮。一点不像橡皮做事，擦得满纸黑乎乎、脏兮兮的，还搞出那么多的橡皮末，多恶心啊。”

“抬高自己也不能贬低别人啊！”橡皮听着当然不乐意了，“就冲你丢三落四的毛病还能当班长？别以为我们不知道，你改错的时候，‘喷水’倒是挺痛快的，可必须得等‘水’完全干了才能补上正确答案，结果常常弄得光涂不改，白忙活一场。而且，据说你肚子里的‘水’有毒，所以现在专家都建议大家不要用呢。”

“你，你，你……”涂改液气得直蹦高，肚里的“水”哗哗乱响。

胶条带拖着长长的尾巴“滚”上讲台，一把推下涂改液，神气地说：“现眼了吧！没有金刚钻就别揽瓷器活。要我说啊，还是我最适合当咱班的班长了。因为我做事情最公道了，你们看我圆圆的身体不就说明一切了吗？从今往后，大家有什么难题尽管找我好了，我保证……”

哪知他的话还没有说完，就被改正纸打断了：“哈哈哈，真是笑死我了！你当班长？那么胖，还成天拖着一条小尾巴，好难看哟，非常有损我班的光辉形象。而且你做事莽撞，动不动就把纸粘破了，叫人白费力气。况且你又那么圆滑，遇事就会当‘和事佬’，将来肯定什么事也办不好。”

“这……”胶条带也没话了，只好夹起尾巴，灰溜溜地回到了座位上。

改正纸顺势跳到了讲台桌上，得意地说：“依我看，还是我最适合当班长。干活的时候，既潇洒又麻利，轻轻一出手，立马解决问题。够帅！”

“哟，这是谁啊？居然敢吹自己最帅，也不怕风大闪了舌头。哼，请先照照镜子，整个一臭膏药，干起活来赛过打补丁，要多难看有多难看。大家说是不是？”班里号称“时尚明星”的涂改带站了起来，迈着猫步扭到讲台桌前。

“别臭美了，你有什么好的？成天就知道追求时尚，搞造型摆pose。干活时也扭来扭去的，动不动就把小腰扭断了，结果什么活也干不成。我看你还不如我呢。”改正纸毫不示弱地反击回去。

“你说什么？太放肆了！居然敢说我……”涂改带气得快要发疯了，平时的风度和形象也不顾及了，竟然要跟改正纸动手。

班里的气氛一下子紧张起来……

“大家能不能先听我说两句。”一直沉默的修改符号突然站了起来，把大家吓了一跳，“我们每个人不能光看到自己身上的优点，嘲笑别人的缺点，甚至拿自己的长处与别人的短处作比较。既然我们是一个集体，每个成员就应该互相尊重、互相帮助，多发挥自己的特长为班集体做贡献才对啊。”

……

“选举结果出来了吗？”钢笔班主任走了进来，“你们同意谁当新班长呀？”

“修改符号！”回答竟是这样地统一和整齐。

“我？我不行啊。”修改符号红着脸推辞着。

“选你你就干吧，以后我一定支持你。”涂改液急得直抓帽子。

“又错了不是？应该说我们，以后我们一定支持你。”胶条带得意地“纠正”说。

钢笔老师笑着对修改符号说：“你就别推让了。看，同学们全都支持你，你应该感到高兴才对呀。这是大家对你的信任和肯定，你可别辜负了同学们哟！”

“那好吧，”修改符号望着大家说，“从现在起，我会尽我所能，为大家服务。有什么要求、建议和意见，大家只管提出来。为了我们这个班集体，大家一起加油吧。”

“好，我正式宣布：我们文具学校涂改班的新班长就是——修改符号同学。”教室里立刻响起了雷鸣般的掌声……

这个故事有趣吗？不过，这可不是我讲的。进行这场“实况转播”的记者叫张林栗，是一名12岁的北京女孩。在北京电视台《知心家庭·谁在说》节目录制现场，张林栗当众宣读了她的这篇“报道”。（不过，“报道”反映的已经是过去的事啦，现在她们班的干部制度已经“改革”了，由大家轮流当班长。）可是，她提出的问题却引起场上同学和家长们的热烈讨论。

“大家争来争去，最后为什么却选‘修改符号’当了班长呢？”主持人问。

“我知道！”一位男生站起来说，“因为‘修改符号’谦虚，不拿自己的长处和别人的短处比。”

“因为他有气量，能够用欣赏的眼光看待别人，能够肯定别人的优点。”一个女生说。

“这个孩子……哦，不对，是这个符号确实真的很不简单。有肚量，能容人，这才是做领导的好材料。”一位家长感叹地说。

是啊，他们说得都挺对。

在集体生活中，那些谦虚、宽容、公正的人往往最受人欢迎。因为他们有一种凝聚力，做事让人服气。

我觉得，在一个班集体中，选谁当班长其实并不重要，重要的是要形成一种和谐的环境和气氛。这种和谐，体现在人与人之间相互欣赏、相互肯定、相互善待、相互学习上。大家在一起时有说有笑，分别时难舍难分，长大了还会相互思念。这就叫友谊。

没有宽容就没有友谊，没有善待就没有朋友。

我曾经给一些同学讲过一个故事：

有一个人在拥挤的车流中开着车缓缓前进。当他等红灯的时候，一个衣衫褴褛的小男孩敲着车窗问：“先生，要不要买花？”他刚刚递出去五块钱绿灯就亮了，后面的车猛按喇叭催促。可是，那个男孩还在问喜欢什么颜色的花。于是，他非常粗暴地对男孩吼道："什么颜色都可以，你只要快一点就行了！"男孩很快地选了一束花送过来，并且十分有礼貌地说："谢谢您，先生。"

又开出一小段路后，那人有些良心不安了：自己态度这样粗暴无礼，可对方却只是个孩子，而且还是那样有礼貌……于是，他把车靠到路边停下来，下车走回男孩身边，道了歉，并又掏出五块钱，让男孩自己也选一束花送给喜欢的人。男孩笑了笑，再次道谢后接过了钞票。

可是，当那人再回去发动汽车时，却发现车子出了故障，动不了了。一通忙乱之后，他只好决定步行去找拖车帮忙。谁知就在这时，一辆拖车戛然停在了他的车前。那人惊喜万分。拖车司机笑着走过来对他说："先生，需要帮忙吗？有个小男孩给了我十块钱，请我过来看看。对了，他还写了一张纸条。"那人接过纸条打开一看，上面只写着一句话："这代表一束花。"

小男孩的故事令人感动。虽然他只是一个衣衫褴褛的穷孩子，虽然他只是靠卖花挣点钱填饱肚子，但是，他却得到了人们的尊敬。因为，他拥有一颗博大的爱心，拥有一个宽容的胸怀。正如法国大文豪雨果所说："世界上最宽阔的东西是海洋，比海洋更宽阔的是天空，但比天空还要宽阔的，却是人的胸怀！"

所以说，宽容是和谐大厦的基石，融洽的集体关系都是建立在宽容相待的基础上的。

那我们怎么做，才能形成一个和谐的集体呀？答案其实很简单：需要集体中的每一个成员都拥有一颗宽容之心。每一个成员都要客观、全面地看待别人，并对别人做出公正评价。我们生活在这个世界上，谁也不比谁多个三头六臂，都是普普通通的人，所以一个人不可能什么都好，没有一点缺点。也不可能什么都不好，没有一点优点。"尺有所短，寸有所长""金无足赤，人无完人"，只要我们每个人都尽量发挥自己的长处，相信我们的集体就会充满和谐的阳光。

当然喽，一个班长，作为集体的领军人物，就要比别人更大气。古人说“宰相肚里能撑船”，就是说，做领袖的，处世要大度，心胸要宽广，能容下各种各样的事情。世界上最大的海，是心海；世界上最大的港，是心港。对于生活在现代社会中的你，面对的将是一个全球化合作的新时代，如果打算将来成为一名见多识广的领导者，那你的肚子里就不仅仅是只能放下一条“木船”，更要能容纳百川，包容天下所有大大小小的“船只”，让它们在你的心海中航行，在你的心港里停泊。

我总结了宽容的五大好处，供你们参考：

1. 宽容的人喜欢记住别人的好处，总是心存感激，所以乐意帮助他的人多多。

2. 宽容的人能与人同乐，给人快乐；自己也是只记快乐，不记烦恼，所以他的快乐比人多多。

3. 宽容的人善于发现别人的优点，肯定别人的长处，所以他的朋友多多。

4. 宽容的人善解人意，能够体谅别人，尊重别人，所以愿意与他合作的人多多。

5. 宽容的人对别人宽容时，必定对自己宽容，因而计较得少，知足常乐，所以他的“财富”多多。

还有一点你也要牢牢记住：宽容的敌人就是嫉妒。它可是对人坏处多多！为了帮助你认清它的“真面目”，我也总结了嫉妒的五大坏处：

1. 嫉妒的人往往近视，不愿看到别人的长处，拒绝向别人学习，所以他不聪明。

2. 嫉妒的人常常会对他人的“坏事”感到快乐，对他人的“好事”感到痛苦，所以他永远痛苦。

3. 嫉妒的人常常忍不住在背后诋毁别人，说别人的坏话，所以他没有朋友。

4. 嫉妒的人永不休假，会一刻不停地记恨别人，有机会就攻击别人，所以他心里很累。

5. 嫉妒的人常自寻烦恼，因为他心中的“敌人”正是自己，所以他一生不得安宁。

评价，正是对每一个人宽容与嫉妒的最好考验。

知心对话

面对评价，我们要以和谐为重。

如果人人都能发挥自己的长处，人人有事做，事事有人做，那么，这个集体必定是一个团结向上的和谐团队。

面对凡人——有爱才懂尊重

我向父母学尊重

有一个北京男孩，叫郭沫。他像个小绅士，说话做事大大方方，对人总是彬彬有礼。我是在一次选拔赛中认识他的。那时，世界环境大会将在中国召开，我们《中国少年报》要开一个“手拉手地球村”小记者新闻发布会，想找两个孩子做新闻发言人。这可是个好机会，立刻就有几十个优秀的同学报名参加。经过两轮激烈竞争，我们选中了郭沫当主持人。当时他是北京崇文小学六年级的学生。

郭沫小小年纪怎么会这样气质高雅、出类拔萃呢？我一直在琢磨这个问题。两年后，我偶然看到郭沫写的一篇作文，题目叫《尊重》，才明白了其中的原因。那时郭沫已在人大附中上初二了。

郭沫的作文写得真棒！

我妈妈是北京大学的教授，虽然她自认为学问做得不够好，但那是她自己的谦虚，不管怎么说，她也算是个高级知识分子了。一般人都会觉得，知识分子往往自视清高，看不起人，不易与人相处。但我从妈妈身上看到的是另一种情况。

在我们家住的大院内，有一个收废品的人。他看上去有50多岁的样子。由于风吹日晒，面孔又黑又红，皱纹密布，实际年龄其实看不出来了。在没有废品可收的时候，他就衣衫褴褛地蜷坐在石阶上，看过往的行人以消磨时光。所有经过的人，或者根本不注意他，或者只是偶尔投去怜悯的目光。大多数人只是在忽然发现家里的破烂需要处理了，才想起他。

我的妈妈也在他这里卖过一次废品。此后，每次路过石阶时，就好像熟人似的会与那个叔叔（以前，我根本没有想到这样称呼他，因为我们都叫他“收破烂的”）打声招呼，譬如“还没收摊哪”。他见了妈妈也常说声“下班了？”虽然只是几句极为简单的寒暄话，但我发现，每次那个人的眼睛都会因为有人和他说话而发亮，当然，后来我懂了，这是一个人受到尊重的一种反应。

从妈妈和他的简单对话中，我丝毫看不出妈妈对他的鄙视，一切都很自然。有时遇到刮风下雨，妈妈还给他个遮风挡雨的东西。春节前最后一次卖废品时，妈妈还给了他一瓶酒。他对妈妈的感激，也只能体现在他收我们家的废品时，总是上门服务，有时还多给几毛钱（我估计现在没有人会在乎几毛钱）。比如，一大捆报纸应该给8.5元，他就说，给您9元吧。而妈妈自然不会收，总会说，就给8元吧。最有意思的是，一次我和爸爸妈妈一起上街，在一个十分繁华的地方，忽然看见他骑着那辆破三轮车帮助什么人干活。他兴奋地和妈妈打招呼，没有丝毫自卑。妈妈也大大方方地和他寒暄。我和爸爸都笑了，说人家以为你们真是朋友呢。妈妈说，怎么不可以真是朋友呢！

在妈妈的影响下，我对那些看门的大爷、修鞋的师傅、卖菜的大婶都友好地打招呼。我学会了尊重。虽然处在社会的底层，但他们也是渴望尊重的。他们的生活没有保障，他们遇到的困难和不公比我们多。如果社会再对他们看不起、再冷漠、再伤害，他们可能就会铤而走险。人本来是生而平等的。但由于各种原因造成了事实上的不平等。我们每个人应该努力消除社会的不平等。在日常生活中，首先要学会尊重他人。尊重他人，是民主文明社会人们最基本的道德准则。尊重他人，才会得到尊重。尊重别人，就是尊重自己。

春节过完了。收破烂的叔叔也从老家回来了。我们又在往常那个石阶旁见到了他，他满面春风地对我们说："年过得好吗？"

原来，郭沫是从他妈妈那儿学会了尊重。

我们在生活中，会碰到不同的人。你早上背着书包上学校，一路上会遇见公共汽车的售票员阿姨、卖早餐的叔叔；在学校里，你会见到老师和同学；有机会参加演唱会的话，你可以看见众多明星。不同的职业只有分工的区别，没有高低贵贱之分。打个比方吧，社会就像一台电脑，有的人是硬盘，有的人是显示器，还有人做鼠标……哪一个部件出了毛病，电脑都很难正常运行。有的零件，看起来不起眼，却是不能缺少的，比如键盘。郭沫从小明白了这样的道理，便发自内心地热爱和尊重每一个普通人，好的品质也就因此形成。

"尊重他人，才会得到尊重；尊重别人，就是尊重自己。"这是郭沫总结出的人与人交往的基本原则。

我听过一个美国男孩拉凡·斯蒂恩讲的故事，他从父亲对一个贫苦孩子的尊重中，懂得了怎样做人。

我家住在北达科他州莫特市的一个草原小镇上，爸爸在那里开了个小商店，我们称之为"我们自己的五金家具店"，我们 7 个孩子从小就在店里帮忙。这样，我们自然就学到了从商的技能。

开始，我们只是做些诸如打扫卫生，把货物摆到货架上，以及包裹材料之类的零活，后来我们就开始接待顾客了。在这期间，我们逐渐了解到这项工作的意义不仅仅是生存和销售。有一天，父亲给我上的一堂课让我永远铭记在心。那是在圣诞节前，当时我上八年级，只在晚上帮爸爸干活，替爸爸管理玩具部。这天晚上，一个五六岁的小男孩走进商店，身上穿着一件棕褐色的旧衣服，袖口又脏又破。他的头发乱七八糟，还有一绺头发直直地立在前额上。他的鞋子磨损得非常厉害，有一只鞋子的鞋带还是断的。在我看来，这个小男孩非常穷，穷得根本买不起任何东西。他在玩具部左看右看，不时拿起一两件玩具，然后又仔细地把它们放回原来的位置。

爸爸下楼走到小男孩身边，望着他那微笑着的眼睛以及脸颊上深陷的两个漂亮酒窝，和蔼地问小男孩想买什么。小男孩说他想为他的兄弟买一件圣诞节礼物。爸爸对待他的态度就像接待成年人一样，这给我留下很深的印象。爸爸告诉他随便看、尽管挑，小男孩确实这样做了。

大约 20 分钟后，小男孩小心翼翼地拿起一架玩具飞机，走到我爸爸面前说："先生，这个多少钱？"

"你有多少钱？"爸爸问。

小男孩握着的拳头松开了。他的手掌因为紧握着钱而留下一道又湿又脏的折痕。手掌展开后，我看到里面有两枚一角的硬币、一枚五分镍币和两便士，折合计 27 美分。而他选中的玩具飞机价值 3.98 美元。

"你的钱正好够。"爸爸说着接过他手中的钱。爸爸的回答至今仍在我耳畔回响。在我为小男孩包裹礼物的时候，我心里一直在想着这件事，当小男孩走出商店的时候，我没有再去注意他身上那件又脏又旧的衣服和他的乱蓬蓬的头发，以及那只断了的鞋带。我只看到一个怀抱珍宝的容光焕发的男孩。

你看，拉凡 · 斯蒂恩从父亲对待贫苦小顾客的态度中，懂得了怎样尊重一个平凡的孩子。

为什么要赔钱把小飞机卖给那个小男孩？因为父亲知道小男孩是想"为他的兄弟买一件圣诞礼物"，父亲看重的不是能不能赚钱，而是小男孩的爱心，因为大爱无价！

但父亲为什么不直接把小飞机免费送给小男孩，而是问他"你有多少钱”？因为父亲明白，小男孩需要自尊，而不是施舍。

当男孩展开手掌，数出比飞机价格低得多的 27 美分时，父亲却说“你的钱正好够”，这让男孩产生了极大的成就感。

斯蒂恩在父亲的感染下，还学会了看人。当这个五六岁的小男孩刚刚走进商店时，斯蒂恩看到的是他破旧的衣服和乱七八糟的头发，但在父亲的影响下，斯蒂恩改变了他的眼光，当男孩走出商店时，他“只看到一个怀抱珍宝的容光焕发的男孩”。

有的同学爱以貌取人，瞧不起普通劳动者，但你仔细想一想，如果没有建筑工人，我们住的房子从哪儿来？没有种地的农民，我们吃的粮食从哪儿来？没有制衣的裁缝，我们穿的衣服从哪儿来？没有环卫工人，我们周围干净的环境从哪儿来？没有园林工人，我们城市的绿化从哪儿来？

生存，离不开劳动，我们没有理由轻视普通的劳动者。

知心对话

面对平凡，你要真诚地去爱，爱能使你自觉去尊重他人，尊重劳动果实。

当你学会了尊重，你将成为一个受人尊敬的人，成为一个创造劳动价值的人。

面对名人——努力才能成功

凡人的不平凡

一天傍晚，我下班回家。迎面过来位中年妇女。她在我面前猛然停住脚，不由分说，伸手攥住我的肩膀，两眼上下直打量：

“我说，你长得怎么像一个人啊！像电视里的知心姐姐。”

看她那么激动，我只好老老实实地承认：“我就是卢勤。”

“哇！你就是‘谁在说’里的知心姐姐啊。”她一把抱住我，“今天真是太走运了，我天天举着遥控器找你的节目，找不着我就着急。真没想到，我今天居然看见真的名人了，见到活的了。”

她絮絮叨叨地自我介绍着：“我是个保姆，从四川来的，照顾那个楼上的老太太……哎呀，我还得去买菜呢。要不，咱俩改天再聊……”

她匆匆地走了，一边走一边回头，嘴里还在一个劲地念叨：“神了！我可见到真的了，见到活的了。”

听了这话，我禁不住笑了。摸摸自己的脸，热乎乎的，是“真的”“活的”。说实话，她的这份真诚和热情真让我感动。

在普通百姓眼睛里，电视主持人都是“名人”。在孩子眼睛里，电视主持人更是“神人”。

然而，当我们走近这些大众熟悉的、喜爱的电视节目主持人时，我们会惊讶地发现：他们其实都是凡人，是“真的”“活的”普通人。

他们中的每个人都有着和你一样跃动的童年，也都曾走过你今天正在走的成长之路，都曾品味过和你一样的酸甜苦辣。

你不信吗？那好，让我来给你们“揭揭秘”。

大名鼎鼎的白岩松，小时候可是个调皮捣蛋的淘气包哦，干起架来比谁都“认真”。

文质彬彬的田歌，小时候是个娇滴滴的小女孩，就因为爸爸说了她一句“看你这孩子”，她居然趴在床上哭了整整一天。

激情四射的文燕，少年时代也曾是个“叛逆女孩”，当妈妈叮嘱她“倒垃圾千万别把盘子扔下去”时，她却故意把果盘丢了下去。

幽默风趣的元元，心情不好时也会像现在的许多女孩一样，跑到理发馆去，把头发剪得短短的，好像就是这些黑压压的头发惹得她心情不好。

笑口常开的董浩，也曾当众流过眼泪，其实原因很简单，他想妈妈了。

待人亲切的和晶，面对委屈的时候，也会偷偷地哭鼻子抹眼泪。

活泼开朗的李湘，少年时也曾面对艰难选择的痛苦煎熬：已经确定被保送天津大学，可她却瞒着大家，偷偷报考了自己向往的北京广播学院。

临危不惧的徐滔，小时候就说起话来滔滔不绝，妈妈几次“叫停”都停不下来的“快嘴丫头”。

……

总之，你遇到过的困惑，他们也曾遇到过；你经历过的挑战，他们也曾经历过。他们真的和你一样，也曾是一群普普通通的男孩和女孩。

但是，也许和你不同的就是：他们在平凡的成长道路上，找到了属于自己的不平凡事业；他们在平常的生活中，磨炼出了不平常的品格。

白岩松的“认真”，使他主持的《东方时空》成了老百姓每天必看的栏目。认真的思考，更使他的话语里总是闪动着睿智，充满了哲理。

田歌的“坚强”，帮她面对生活的挫折，悟出了成功的真谛：“你不应该让失败来惩罚自己。”最终，她把激情和无尽的爱献给了广大观众，使《荧屏连着我和你》成为北京电视台收视率最高的节目之一。

文燕的“执著”，简直使她变成了“拼命三郎”，生完孩子的第二天，她就投入了工作，帮助《大宝真情互动》节目募捐到了 300 多万元福利基金，解决了众多家庭的困难。

元元的“敬业”，使她从一个小姑娘成长为一名优秀的节目主持人，一天 24 个小时，有 14 个小时她都忙碌在电视里。

董浩的“快乐”，给千千万万的小观众们送去了幸福和快乐，但是，当他冒着大雪去沈阳看望上大学的女儿，看到严寒中的女儿只穿着薄薄的毛衣时，心疼的泪水竟一下子涌了出来。

和晶的“果敢”，使她有魄力在关键时刻挺身而出，接任了大腕主持人崔永元的金牌栏目——《实话实说》。而她的这种魄力，正是来自对广大观众的热爱和信任。经过事实的检验，挑剔的观众终于接纳了她。

李湘的“睿智”，不仅给《快乐大本营》的观众们带去了无尽的欢乐，而且使她在面对直播现场的突发情况时，能够镇定自若，机智应对。

徐滔的机敏和勇敢，使她当之无愧地荣获“范长江新闻奖”。

是荧屏把主持人和观众连在一起。没有观众，哪有主持人！

同时，也是自信和努力让他们从普通人中走出来，成为众人瞩目的“名人”。

也许你会说：“那是他们命好！”可是，当面对困难和挫折的时候，你是否也像他们一样，不屈从命运的安排，而是积极、执著地追求着自己的理想。

也许你会说：“那是他们运气好，抓住了关键的机会！”可是，老天对每个人都是公平的。当幸运和机会敲响你房门的那一刻，你是不是也像他们一样，勇敢地冲出来，紧紧地抓住它绝不松手。

也许你还会说：“当名人，咱想都不敢想！”可是，为什么不呢？我们每个人都是一本书。翻开主持人这本书，上面清清楚楚地写明了当代成功者必需的素质：自信心、责任心、爱心、专心和独创精神。

知心对话

面对名人，你必须清楚：名人也是凡人，名人出自凡人！

面对名人，你必须牢记：要想成为名人，坚定的信念、不懈的追求、执著的努力，是你走向成功的保证！

面对名人，你必须坚信：名人其实并不神秘，你也可以成为名人！

面对长大——有心才能成长

这世界是有心人的

只要是生命就会长大。

但是，有一种现象很奇怪，在爸爸妈妈眼里，自己的孩子永远长不大。

爸爸妈妈的惯性态度是不是让你很烦恼？

一天，在我们“中少在线”网站的“知心论坛”，网友“无敌 yy 新人类”的帖子激起了很多回帖，大家议论纷纷。内容如下。

妈妈：

我已经长大了，渴望接受母爱的方式不再像小时候那样，给我赞美就行。我现在更渴望的是得到一些真实的意见——哪怕是善意的批评也好。

在激烈的“网战”中，女孩晨光发了一封她写给妈妈的长信，信写得真感人。

妈妈：

这是一封很长的信，希望您能有耐心看完，这都是我的心里话。

记得我小的时候，您是一位非常耐心还很爱笑的妈妈。您买来看图识字卡片，教我认字，我用稚嫩的声音跟着读，您还抓着我的手，我们一起一笔一画把字写在一张白纸上。我看到了您的笑脸，笑得那么欣慰，我好高兴！我做错了事，您从来不会打我、骂我，而是耐心地告诉我错在哪里以及如何改正。正是这样，我拥有了自信的笑脸。

慢慢地我长大了，您开始锻炼我独立生活的能力。3 岁的我学会了打电话，4 岁的我学会了看书，5 岁的我脖子上挂着钥匙自己一个人回家，6 岁的我学会了刷碗，7 岁的我会做很多家务……11 岁我自己去青岛玩，12 岁，也就是现在，我基本上可以独立生活。我是在表扬和赞美中长大的，尽管这样，我并没有成为温室里的花朵。我觉得我是个坚强的孩子，那次从7楼掉下来的玻璃把我的头扎破了，我硬是没哭，咬着牙到了医院。

我的性格是您调教出来的。您对我总是很放心，给我自由，我可以骑自行车和同学到很远的地方去玩……有了您，我仿佛是世界上最幸福的小孩。

然而，在我成长的同时，您也发生了变化。

我第一次伤心地哭，是您和爸爸第一次吵架时。记得当时爸爸很生气，又摔东西又破口大骂，最后还摔门走了。我看见您在哭，我第一次见您哭……我实在不知道该说什么，索性跑到屋子里哭，那一次的伤心，我永远不会忘记。

搬了新家以后，您和爸爸经常会闹些不和，好像每次都是因为钱……渐渐地我也习惯了。你们每次吵架，我不是到屋子外面看着天空，就是自己在没人的地方默默流泪。

妈妈，也许您看到了我的孤单与无奈。有时候放学回来，您会问我些"今天穿的衣服有没有人说好看啊？""老师看到你作文有没有表扬你啊？"之类的问题。我已经不是三四岁的小孩了，这些问题对我来说根本不得要领，我也不会在意，再加上心情不好，经常会敷衍地回答"没有没有没有，别问了行不行？"……对不起，妈妈，我知道您想关心我，可是，我这个年龄妈妈理想的样子不是以前那样——只是一个"妈妈"，我更需要的是一个"大朋友"，和我讨论一些我关心的东西，比如动画片、游戏、时尚、网络，或是关于"爱情"的一些事。我长大了，一些东西我渴望知道。和您讨论"爱情"，我真是不知道该怎么开口……您不喜欢打扮，人家妈妈都是那么年轻，爱打扮，您为什么一点都不喜欢时尚的东西呢？妈妈，我希望您像个姐姐！可是您不知道我关注的是什么，我们几乎没有共同语言了。我希望您了解我，那次要您来我的网站看看，可您却说："都是小孩，我去干吗？"我哭了……

妈妈，虽然我长大了，可我毕竟还是个孩子，12岁的孩子啊。我想得到我该得到的：温馨的家庭，和我说心里话的妈妈，还有贴心的理解和关爱。

妈妈，您为我付出了很多很多，女儿只有这一个心愿了。

爱您的女儿晨光

8月23日夜

晨光的信，得到网友们热情的回应，大家畅所欲言，回帖很多。

冰晶枫叶：

自从我渐渐长大，妈妈和爸爸吵架的次数多了，我有时就是他们的出气筒。这也就算了，可是，妈妈最近老是骂我。把我说得一文不值，还说幼儿园时的我怎么怎么听话，老想找回那时的我。可我已经长大了，不再是当年的那个小孩了，我有了我的思想、我的逻辑，但是我一发表自己的看法，妈妈就说我是“顶嘴”。我冤枉啊，她还说我不知好歹。我告诉妈妈，如果这样我当哑巴不就行了？妈妈听了给我一顿打。我后来问爸爸，什么叫顶嘴？它的含义是什么？爸爸说是“在妈妈管教我的时候我不能说话”。我说：“如果你们错了我也不能指出吗？”“父母永远没有错的，只有儿女会错。”这句话伤了我的心。我还有很多的话想倾诉，想说，但没有人懂得，我有一阵子天天晚上躲在被子里哭……

乖乖兔：

我们的父母都已步入中年，压力相当大，他们有自己的苦衷。我们抱怨父母不理解我们，不与我们沟通，但事实上，他们总是尽力地抽出时间来关心我们。也许他们的方式不恰当，不是我们理想中的那样，但那也只是两代人之间自然的隔阂。难道我们不应理解父母吗？静心想一想，我们是称职的儿女吗？我们经常帮助父母分担家务吗？我们每天都有良好的作息习惯，不让他们担心吗？我们经常主动与父母进行沟通吗？我们有理由抱怨什么吗？……

幽静白鹤：

我的老爸老妈属于一直把我攥在手里死也不放的那种，我想这不是沟通就能解决的问题，这是角度的问题。记得一本书上写过：“一株草不会赞同一朵花的观点，一朵花也不会苟同一株草的观点。”或许是这样吧，也许只有自己才是自己的知己。

窝头：

有些事我跟妈妈开不了口，她也许会觉得我心理变态！或者说我很幼稚！其实，我希望什么话都能对妈妈说，可妈妈好像真的不理解我，所以我觉得也没必要和她说了。有时候就在被窝里自己和自己聊天，我觉得说完后感觉非常舒服，也许只有自己才是自己的知己吧！

过了一个月，小网友们还意犹未尽地继续跟帖。晨光高兴地回帖说："谢谢各位大侠，我妈妈也来了，她也许不发帖子，但她会看的。"20天后，网友们和晨光期盼到了她妈妈（网名秋雨）的回信。这封回信太感人了，打动了许许多多的小网友。"我朋友看完后就哭了！我希望你能和你妈妈沟通得更好，从今后有个知心的家！"网友月光MOONLIGHT说。

晨光：

妈妈是有苦衷的。正如你说的那样，你还是个孩子，有很多事是无法对你说的。妈妈为了你能健康快乐地成长，放弃了很多工作的机会，只是为了好好地照顾你。爸爸是脆弱的，没有坚强的臂膀让我们去依靠。还记得上一年级时，妈妈为你联系好了维明路小学，需要2200元钱。那时，妈妈已辞去了药厂的工作，爸爸在奶奶的公司里做事，妈妈去找奶奶和爸爸，希望他们能解决你上学的钱，但是爸爸没钱，奶奶不愿意出。妈妈只好按户口分片把你安排到西里小学。

妈妈这几年努力地锻炼你独立生活的能力，为的就是能早一天把全部精力投入自己的事业。你确实很出色。但是妈妈也知道，你的成长是需要用钱来维护的，妈妈不想在你上中学时，选择了自己想上的学校，却因为钱再去求人，妈妈想自己给你出这笔费用。

妈妈在你小时候很好地教育了你，在工作忙碌之余，也曾想过用什么样的办法来教育现在的你，在不经意间你很快长大，并已完全成熟，这是妈妈没想到的。妈妈经常感到对你很无助，虽然经常对你说："晨儿，不管你长多大，永远是妈妈的孩子，在成长过程中遇到任何问题都可以跟妈妈说，妈妈永远是你的朋友。”可是你却永远封闭着自己，很神秘的样子，妈妈只好尊重你。正像你说的那样，你小时候无论做错什么，妈妈总能宽容你。妈妈现在还是以前的妈妈，无论你经历了什么事，都可以跟妈妈讲，难道你不知道，妈妈对你是永远也发不起火的吗？你是妈妈的最爱，妈妈为了你可以放弃一切。

孩子，妈妈没有变，还是以前的妈妈，妈妈有什么让你不满意的，那也是妈妈无意的，妈妈总想敲门进入你的内心世界，可你总封闭着自己。还记得吗，在你曾经失落时，妈妈帮你度过了最难过的时光，使你能快乐地成长。要有信心，妈妈会好好呵护你的。

妈妈也要谢谢你，晨儿，你及时给妈妈敲响了警钟，无论发生了什么事情，但有一点你要记住，妈妈永远爱你！

秋雨

9月11日上午

妈妈理解了女儿，女儿也理解了妈妈。世界上还有什么比这更让人高兴。孟子说过：“人之相识，贵在知心。”你知我心，我知你心，这才是和谐的基础。

理解需要时间。孩子在父母“不经意”中渐渐长大，父母也在孩子“不经意”中慢慢变老。

如果我们“经意”地想一想，就会明白，谁没有过“长大”时的“郁闷”呢？

我小时候，爸爸一直在外地工作，上中学时，他才退休回到北京。我记得，每天晚上放学回家，爸爸见到我，第一句话就问：“你吃了吗？”只要听说我还没吃，他就会默默地走进厨房做饭热饭。这句话听多了，我反倒不太在意了，“你吃了吗？”“吃了！”“没吃！”就这样极简单地回答父亲的问话。

长大了，工作了，结婚了，生子了，搬出了父母家，才有了体会：养儿方知父母恩，当家方知柴米贵。这时的我心情完全变了。忙碌一天回到父母家。“吃了吗？”父亲还是那句问候，听起来却觉得暖暖的、热热的：“爸，我还没吃呢，饿死了。”“爸，您做菜真香。”“爸，让我自己来吧，您歇着。”那时才觉得，有爸有妈真好！

年迈的父母过世了。再走进熟悉的小屋，静静的，冷冷的，东西依旧，却缺少了许多。再没有人问我那句:“你吃了吗？”每到这时，我都潸然泪下。我意识到父母已经永远走了。父亲那句永远“长不大”的问话，也永远听不到了！

我们都应该睁大眼睛，留意看一看，随着你的长大，爸爸妈妈那原本光滑的面容，是不是添了一道道皱纹？那原本黑黑的头发，是不是冒出了一根根白发？仔细地看看爸爸妈妈，原来他们天天在变化。在他们心中，贴满了你从出生、童年到少年的照片，这是他们心中的安慰。有一天你考上了大学，住进了学校，参加了工作，走上了社会，有了自己的家，你就不能像现在这样，有这么多时间和父母在一起了。他们见不到你，就会用回忆来宽慰晚年，当他们翻开你的照片，你是在对他们笑呢，还是在冲他们发脾气？你的目光是挚爱的，还是冷漠的？

看一看、想一想，我相信当你真正理解父母那“长不大”的感觉，那时你就真正长大了！

当然，作为“知心姐姐”，我会告诉天下的父母，要和孩子一起长大，与孩子平视，做孩子的朋友。我也曾在大会小会上把孩子渴望父母的“五个一点”告诉父母：

懂一点电脑，化一点淡妆，少一点说教，露一点微笑，给一点空间，有气质、爱学习，像个朋友一样。

知心对话

面对长大，我也希望你对父母多一点包容，少一点计较；多一点理解，少一点误解；多一点关爱，少一点依赖；多一点思考，少一点冲动。

chapter
5

我要学

改变内存就改变了未来

面对学习——乐学不厌学

人生第五课：我要学

假如把幸福比作天堂，那么通往天堂的路只有一条，那就是学习。

假如把痛苦比作地狱，那么通向地狱的路也有一条，那就是厌学。

改变你的未来，就必须先改变你的内存。天堂是用智慧建造的，而地狱是用愚昧铺成的。

可是今天，在通往天堂和地狱的路上都挤满了人。其实，人并不是不愿去天堂，而是因为学习的烦恼太多太多；人也并不是乐意去地狱，只是不知道应该如何面对今天的学习。

《知心姐姐》杂志曾做过一次有关中小学生苦恼的调查，共收到问卷5782份。结果发现，在造成中小学生苦恼的6大因素中，学习和考试占了72.26%。

河南的一家心理咨询机构对3所小学和3所初中的近万名学生进行了一次心理测试，结果竟然发现，有50%的初中生和近70%的小学生对学习没有兴趣，甚至“厌恶学习”。

记得有一次，《北京青年报》记者刘净植来出版社采访，我正忙得不可开交，两部电话一刻不停地响着。我对她说：“你看，这些电话……社会需求实在太大了。‘知心姐姐’正处在火山口上啊！”

话音刚落，一位母亲的电话打了进来，她边哭边诉说：“知心姐姐，快救救我的女儿吧。她才18岁就想不开，割腕自杀！大夫刚刚把她抢救过来，我简直要崩溃了。”这位母亲接着断断续续地告诉我，她是个单身母亲，所以女儿的精神状态一直就不是很好。终于有一天，女儿突然提出，不想上学了。今天早上，目送女儿去上学的时候，她就有一种不好的预感，等赶到学校后，女儿已经出事了。

北青报记者亲眼目睹了这一切，受到震撼，回去就写了一整版报道，醒目的大标题就是《火山口上的“知心姐姐”》。她在前言中这样写道：

小时候，谁不知道《中国少年报》有个专门给小读者解决烦恼的“知心姐姐”？随着童年时代越来越远，那份伴随我们成长的报纸的形式和内容，在记忆中已经模糊不清，唯独那个梳着小辫、可亲的“知心姐姐”形象始终难忘。

现在，愿意听孩子说话、愿意对家长讲话的“知心姐姐”，已经成为孩子和家长沟通的桥梁，成为不少处于痛苦和烦恼中的家长和孩子的“救命稻草”。今天的“知心姐姐”所承载的社会责任，已经远远超过了我童年经验的想象。她是一个我不曾触碰的心灵按钮，她维系的是一个牵动人心的世界。

的确，现在家庭中反映的种种矛盾，焦点大都呈现在学习上。

据我了解，有些不愿意上学的同学到了学校就犯困，总想打瞌睡；少数同学还伴有神经性反应，一迈进学校大门，就会出现拉肚子、低烧、头晕、胸闷等症状。可是，只要听说可以不上学，或者能够离开学校，就会马上“健康”起来。医生把这种奇怪的现象称为“厌学综合征”。另外，还有一些同学每天迷恋网络和游戏，希望依靠这些来缓解学习的压力，这实际上也是厌学综合征的一种表现。你还真别小看了这种“现代疾病”，要知道，厌学不仅会发生在学习跟不上的孩子身上，有许多学习不错的孩子也会厌学呢。

我讲一个真实的故事。

一次，一位痛苦万分的妈妈专程从洛阳跑来找我，坐在办公室里泣不成声：儿子13岁那年，以优异的成绩考入了北京的一所重点中学。因为他天性活泼，聪明机灵，人缘也好，很快就当上了班长。但是，上初三的时候，因为违反校规，被学校劝退，只好转到另外一所普通学校。

这一次的挫折，使孩子心灰意冷，竟选择了自我放弃。他一度不上学，整天睡觉、上网、交网友，甚至还向家长要了 3 万元，坐飞机去外地见网友。他还以上学读书为条件，逼着父母给他买汽车，买回来又嫌款式落伍，点名要父母为他换车。父母一次次赶来北京看望他，可他竟拒绝与他们见面……

母亲伤透了心，无奈之下，跑来求助“知心姐姐”。

听完她的哭诉，我提出见见她的儿子。

约好见面的那天，我还特意请来了甘肃贫困山区的一对母女：女儿凭着自信和刻苦，考上了北京的一所大学，可是，家里穷，没钱供她读书。她的母亲就跟到北京，托我帮着找份工作，千方百计要供女儿读完大学。

双方一起在会议室里坐了下来，一边是“要我学”，一边是“我要学”。女孩的好学精神感动了在座的每个人，当场我就和男孩的母亲决定一起资助女孩完成学业。一番真情沟通之后，那个男孩似乎也受到触动。

通过这次会面，我对这个叫李明的帅小伙儿有了进一步的了解，更对他的体育特长赞叹不已。我拍着他的肩膀，肯定地说：你一定能行！

这之后，我把一个比他大几岁的优秀男生介绍给他，让他们成了朋友。

这个男孩叫王海翔，毕业于清华大学国际 MBA，现在担任某市投资银行行长。别看他才 20 来岁，却已经是我的老朋友了（我曾在《告诉孩子，你真棒！》一书中介绍过他）。这次，我把李明托付给了他，我相信他一定能够影响李明。

果然，不久之后他俩成了无话不谈的好朋友。在和海翔的交往中，他们讨论得最多的是，怎样激发学习兴趣和掌握高效的学习方法。2004 年，就在李明准备参加高考之前，海翔说：“我觉得看他参加高考，好像比当年我自己参加高考时还紧张哩。”李明走进考场之前，海翔还特意发短信鼓励他：“我相信，你能行！”最后，李明以 617 分考入了北京大学。

在学校里，李明的各科成绩都不错，并且高票当选为班长。在一次北京市大学生运动会上，他还取得了跳远比赛第二名。当李明的妈妈又一次来到我的办公室时，痛苦变成了喜悦，母亲如今容光焕发。

一个厌学的中学生，成长为一名乐观好学的大学生，发生在李明身上的这种变化，更让我对海翔产生了浓浓的兴趣。想到那些现在还在“厌学”的学生们，我又一次拜访了海翔，向他“讨教”良方。

海翔毫无保留地介绍了三条经验。

第一：学习是有方法的。

想想我们学习的过程，无论什么学科，无论何种知识门类，都免不了遵循“理解→记忆→应用”这三个基本过程。如果你把这三件事情的顺序搞错了，那你的学习肯定会出麻烦。

有些同学认为：“学习就是背诵，背得多了自然就会了。”我不同意这个观点。就拿最基本的英语单词来说吧，我常常看到有的同学喜欢拿着单词表死记硬背，且不说这种方法单调又枯燥，它还有更严重的问题呢。你们想想看，绝大多数英语单词都是由表示各种意思的“零件”组合起来的，比如 television 这个单词：“tele”就表示“电”；“vis”经常用来表示跟“看”有关的意思；“ion”是名词的结尾。这样一来，信息全都凑齐了，你还记不住这个单词就是“电视”吗？可是，如果你没有对这个单词进行分解，仅仅是按着顺序去死记这 10 个英文字母的组合，那可就太辛苦了。此外，任何字词（特别是动词、形容词、副词和介词）的使用都离不开句子，所以把单词放进句子里记忆，既便于理解，又可以熟悉它的搭配方法，更适用于各种考试题型的需要。因此，我建议那些渴望提高词汇量的同学，平时要多阅读一些适合自己的文章。

其实，各门学科在各个知识单元上都有有效的学习重点和方法。有心人应该钻研和摸索这些方法，这样才能在学习上占领“制高点”。所谓“行家一出手，就知有没有”，指的就是套路和方法。

第二：学习是艰苦的。

为了让自己能有一个良好的学习环境，我当年考进了离家很远的一所重点中学。每天自行车换公交车，在往返学校的路上要花 3 个多小时。

为了解除疲劳的问题，我想出了一个好办法：回家以后先洗脸洗脚，然后上床睡觉。吃晚饭的时间正好用来恢复精神，吃完晚饭后，休息也充分了，精神也恢复了，我再开始学习。

为了让自己在晚上学习的时候不打盹儿，我还合理安排了学习顺序：学英语最累最单调，索性就把它放在前面；做数学题不容易犯困，干脆就往后放一放。还把自己感兴趣或容易一些的科目当成一种奖励，用它鼓励自己：只要坚持一下，把手头的活做完，就可以开心地进行自己喜欢的下一项了……

人们常说："自助者天助！"学习上的"吃苦"，是任何人都不能代替你完成的！

第三：学习是有乐趣的。

学习是一种"渐入佳境"的过程，当你真正钻进去的时候，就能感受到它的乐趣。

学习需要熟能生巧，关于这一点，我和很多学习好的朋友们探讨过。大家一致认为，做题就一定要做够数量。只有各种类型的题目都见识过，甚至比出题老师见过的题还多的时候，你才不会被题目迷惑。而且，各种类型的题目做多了，自然也就有了一种交朋友的感觉：遇到重复的题就好像见到老朋友似的，顺畅、自信地选中一个正确答案，轻松得有如和朋友点头致意，这也算是一种"默契"吧。当然喽，审题很重要，千万要仔细，可别被化装成老朋友的"骗子"蒙骗哦！

知识本身带给我们的乐趣就不用多说了，只要看到自己在20个选择题里的回答正确率不断提高，那种成就感就不言而喻了。其实，做题跟玩游戏有很多相似的地方，都是要求尽量得高分，获得足够的经验值开心过关。所以，我经常会找来一本英语习题集，每10道题分为一组，开始自己的挑战练习。只要有一组题可以全部答对，我就奖励自己稍微休息一会儿，或去吃一个水果……如果你不要赖皮，选择的难度不是很低，那么，要想取得成功确实还不太容易呢。但是，一旦你取得了成功，就会感到特别兴奋，同时也会觉得，自己的这个小小休息是那么的"心安理得"。

十分有趣的是，我们和老师在学习上更像是一对好玩伴，经常互相搞一些“恶作剧”。记得我们的初中数学老师就最喜欢搞“突然袭击”，不发任何通知就开考。看着拿到试卷之前大家脸上紧张的神态，他总是抿着嘴不吭声，脸上却满是得意的笑。渐渐我们也摸到了规律，只要他在上课前，背靠在我们教室的门框上，双手背在身后，脸上带着“坏笑”时，那准是要考试了。而且，在他背后的双手中，一定正拿着为我们“精心准备”好的“礼物”。当然了，我们也不会“示弱”的，偶尔也要找一个大家都做不出来的难题送给老师“尝尝”。有一次，数学老师上课时居然主动认输说：“实在抱歉，上次你们问我的那道几何题太困难了！我已经琢磨了两个礼拜，精神负担特别大，还老做噩梦呢。”可是，还没等我们得意够呢，他马上又神秘地宣布，“但是，我在昨天的梦里意外梦到了一条辅助线。于是等到今早起来，我就把题做出来了。嘿嘿，当你们的老师真不容易啊！”

就是在这样的氛围里，我们和老师就好像是在一起做“智力游戏”，时刻体验着“智斗”的乐趣。如果你也想参加游戏，并感受“胜利”的快乐，那就需要加强修炼、暗下苦功，把自己提高到超出一般考试难度的水平上来。

海翔的三条学习经验，让我明白了一个道理：“兴趣就是最好的老师，兴趣就是学习的动力。”凡事充满兴趣的人，可以在学习的瀚海中独自行舟却不觉辛苦，可以在探索的山路上奋力攀登却不知疲惫。

知心对话

面对学习，厌学不如乐学。

如果真对学习提不起劲，请不要忙着去找医生，而是要去寻找兴趣。

因为到那时，你就不再是“要我学”，而是“我要学”了。

面对放弃——慎重不轻率

弃学请三思

有一封信，让我心里一直很不安，想了很久才回复。写信的女孩子叫“梅”，上高二。她在信中告诉我，她准备退学。

知心姐姐：

您好！

我是在《实话实说》中认识您的。

我今年上高二，可是不想继续待在学校了。我要退学！很多人一定不能理解我，我也不想过多地解释，自从上高一，我就开始厌学了，但还没想过要离开学校，就这样上了高二。也不记得从什么时候开始有了退学的想法。我想应该有很多同学有同样的想法。您肯定遇到过吧。让我想要退学的原因很多，但最重要的原因应该还是在自身吧。同时，学科难度的加深，以及某些老师的误人子弟，都让我十分厌倦，我实在不想再这样继续混下去了。既浪费时间，又浪费父母的血汗钱。也许父母都不太在意他们为我付的学费，但我非常在意……

……

以前，我很不理解那些上了高中就不想读书的人。我想不明白，他们好不容易考上高中，怎么就这样轻易放弃了。同时，我还非常向往步入大学的象牙塔。直到后来，我自己上了高中，才真正体会到他们的感受，而且完全丧失了对上大学的渴望。

我一直很喜欢一句话，大意是：人是一种善忘的动物，属于自己的伤痛，终究只有自己能明白。属于自己的快乐，也仅有自己能真正地感受。我自己都不知道我到底是个怎样的人。很多时候，我挺享受一个人的感觉，觉得这样的人，应该是孤独的人吧！可有时也想，这大概是青春期少女的通病吧。多愁善感，没事就爱瞎想。我的朋友总说我真好，没有烦恼，每天都在笑，其实我笑时，也是真心笑的，但我觉得我并没有他们眼中那么开朗。

对于休学，我是坚持的，只是我实在不想因为这个，而使父母与我发动一场没有硝烟的战争，也不想因为我而在家里引起风波，这是我实在不想看到的，可我觉得这应该是不可避免的吧！哎呀，烦哪，我不知道怎么办啊。

对于未来，我也不是很清楚。我一向是个没有理想的人，所以我想去寻找……

离这学期结束，还剩三个月左右吧。其实我若是极度厌恶学校的话，我也早退学了吧，但始终还是不舍我的朋友。

我曾写信给爸爸，我发现，他变了不少，以前，他总会无意中提到要我上大学这样的话，后来他知道我不想再读书之后，他就没再跟我提学习上或是问我考试怎么样的问题，可我还是有种奇怪的感觉，挺别扭的。他还说，我怎么也要读到高三毕业，以后怎么样再说，当时，我什么都没说，他应该是觉得我是答应他了吧！只有我自己知道，我不要再等到高三，我不要再浪费时间和金钱了。

不知道看了我这封信，您会不会不喜欢我呢。哎！有空希望能够尽快回复我。我一直希望能有一个像您这样的人与我聊聊天。我相信我可以从中获得很多。

我给梅回了一封长信，信中表达了我对放弃的看法。

梅：

你好！

真的很对不起，我今天才看到你的信。让你苦苦等了四个月。真不知道这四个月你是怎么过的，一定天天等着我的信。

也许这也不是坏事。把时间给了你，让你独自思考，时间往往是治疗心病最好的良药。这四个月也许你已经自己走出了焦虑，走出了痛苦，坚持住了。也许你真退学了，回家休息疲倦的身心，无论是怎样的状态，我想这都叫生活，都是一种体验。

人生就像打仗，有时进、有时退，关键在于指挥打仗的人是清醒还是糊涂。当你焦虑不安时，应该一个人静下心来，好好思考，整理纷乱的思绪。

从你的信中，我看出你是个情感细腻，会体贴别人，并且懂得理解别人感受的人。你的字迹秀美，字里行间透着你的爱。有一句话让我十分动心，你说："其实我若是极度厌恶学校的人，我也早退学了吧，但始终还是舍不得我的朋友……"

我知道你已处在痛苦的选择之中，我不想替你思考，帮你选择，我始终认为，选择与放弃是你自己要思考的问题。

造成自己心理障碍、影响个人幸福的，有时并不是物质的贫乏和丰硕，而是一个人选择与放弃的心境。如果把自己的心浸泡在悔恨的遗憾的旧事中，痛苦必然会占据你的整个心灵。

作为你的朋友，我想告诉你：放弃很容易，要懂得放弃却很难。世界上许多路都可以到达终点，关键是看哪条路能最快到达终点。

我曾去南非参加CBBY国际儿童读物联盟大会。南非是一个美丽的地方，世界著名的桌山就在那里。桌山是神奇的，高高的山，平平的顶，就像一张大桌子。当地的人说，这是上帝的餐桌。当云雾缭绕时，人们会说，桌布铺上了，上帝要用餐了；如果没有云雾，人们会说，今天上帝不吃饭了。这样美丽的山，不上去太可惜了，可是会议安排得紧，没有时间上山。代表团团长海飞果断决定：中午去，快去快回。上桌山最快的路是从山底直达山顶的——缆车，虽然途中不能驻足观看盘山的险景，但是很快就到达了山顶，用了最短的时间，观赏到了桌山的绝妙景致。

一个人年轻的时候，正是学习的好时候，精力旺盛，又没有经济负担，可以全心全意学习。当你用知识充实了自己的大脑，就为今后的人生之路留下了财富，完成基础教育、享受高等教育，也许这是走向成功最快的一条路，轻易放弃学业，是不是有点可惜？

当你放弃的时候，你一定要清楚看到，你放弃的究竟是什么？

记得有一个故事，讲一个当年到西部去淘金的人，他花了好几年时间在一块地上挖掘，相信那里有黄金。

他每天不断地挥动锄头，辛苦工作。然而，失望和病毒侵袭他，终于有一天他感到既绝望又无奈，把锄头往地上一摔，收拾好自己的装备，离开了那个地方。

后来，锄头生锈了，把柄也腐烂了，但距离这两件东西六尺远的地方，竟发现了一个大金矿。

坚持，不退缩和永不放弃——就是这个故事的真意。

中国球星孙雯是一名世界级的女子足球运动员。而当初她在体校里，却并不是一个很出色的球员，虽然她很卖力地踢球，但每次职业队去挑选后备力量，她都没被选中。她去找平时赏识她的教练，教练总是对她说："名额不够，下次就是你。"她看到了希望，继续努力地练。一年之后，她仍然没被选上，她灰心了，打算离开体校，放弃足球。一天她告诉教练不想踢球了，想考大学，教练默默地看着她，什么也没说。第二天，她竟然收到职业队的录取书！这时教练才告诉她："孩子，以前我总说下一次就是你，那不是真的，我是不想打击你，而且想告诉你说你的球艺不错，我希望你能一直坚持下去啊！"

孙雯这才明白了教练的良苦用心。后来，孙雯讲述这段往事时感慨地说："一个人在人生低谷中徘徊，感觉自己支持不下去的时候，其实就是黎明的前夜，只要你坚持一下，再坚持一下，前面肯定是一道亮丽的朝霞。"

我想把孙雯的这段话，送给你及所有想放弃学业的少年朋友。

知心对话

面对放弃，你一定要三思：你放弃的究竟是什么？如果是你的目标，那你一定不要放弃。因为你放弃了目标，就迷失了方向。

面对放弃，你一定要三思：你为什么要放弃？和你目标无关的东西或是阻碍你前进的障碍你一定要大胆放弃，因为有舍才有得，轻装才能上阵；如果是因为自己意志薄弱，害怕失败，那你一定不要放弃，因为轻易放弃你会永远到不了终点。

面对放弃，你一定要三思：放弃了你后悔不后悔？如果你预感自己日后要后悔你千万不要放弃。放弃容易，捡回来就难了。

面对青春——理智不盲动

认识我自己

“青春是什么颜色？”

在南昌三中多功能厅，面对上千名少男少女，我问。回答是：

“青春是绿色的，因为青春充满了生命力”；

“青春是红色的，因为青春像火一样热情”；

“青春是蓝色的，因为青春神秘莫测”；

“青春是白色的，因为青春洁白无瑕”。

“青春是什么声音的？”我又问。

“青春是大声的，因为青春充满激情、敢说敢叫”；

“青春是小声的，因为青春有秘密地带，不能大声喧哗”；

“青春是无声的，因为爱的种子常常静悄悄地发芽、长大……”

“青春是什么滋味的？”我再问。

“青春是甜甜的”；

“青春是苦苦的”；

“青春是涩涩的”。

这些回答多棒！

什么是青春期？

进入青春期的你，面临的第一个问题就是为什么自己的身体会有如此大的变化：

女孩子忽然发现，自己的个子变高了，乳房变大了，你很奇怪：

“为什么乳房一会儿痒，一会儿疼？”

“为什么有的女孩乳房大，有的女孩乳房小？”

“为什么女人会有月经呢？”

“月经周期为什么是 28 ～ 32 天呢？”

“来月经就会怀孕吗？怀孕与月经有关系吗？”

“脸上令人讨厌的小痘痘，为什么会在经期前加重？”

男孩子忽然发现，自己脚丫变长了，声音变粗了，你很纳闷：

“为什么一见女同学就脸红？”

“为什么阴茎会勃起？”

当你关注自己身体的这些变化时，恭喜你，你长大了！你进入青春发育期，你的身体天天都在变化。

是谁让你变成大人？是性荷尔蒙。

你们出生时，无论男女都具有性荷尔蒙，但到了青春期，男性的睾丸会分泌出很多雄性荷尔蒙，女性的卵巢会分泌出很多雌性荷尔蒙。

女性大概在 11 ～ 14 岁，男性稍迟一点，大概在 12 ～ 15 岁左右，性荷尔蒙将会急剧增加。随着性荷尔蒙的分泌，女性会开始有月经，生成腋毛和阴毛，胸部隆起，臀部丰满，身材有了曲线，越来越有女人味。男性的睾丸会生成精子，并且分泌雄性荷尔蒙，男性会有腋毛、胡须、阴毛（性器官周围的毛），阴茎变大，肌肉发达，体格健壮，越来越有男人味。

随着身体的变化，你开始有了青春期的烦恼：

这时的你，在性感受上有了成人感，产生了摆脱父母和家庭的强烈愿望。你开始想要自己做主，凡事都要问句为什么，不再像过去那样依恋父母、听父母的话。你开始厌烦父母及家人的保护，总爱和他们较劲，没来由地想要反抗，好像头上长了反骨，他们叫你朝东，你偏要朝西，对命令和干涉十分厌烦。

你常常希望一个人“独处”，可是一个人的时候，你又感到情感世界一片空白，莫名其妙地觉得郁闷，出现了“感情饥饿”。

当你出现这种心理烦恼时，恭喜你，你长大了！你进入了“心理断乳期”，这是你经历“生理断乳期”后的第二个生长高峰期。

你开始有了青春期的困惑：

这时的你，情感世界异常活跃。你越来越敏感，开始对异性产生浓浓的好奇，开始注意异性，特别在意异性对自己的评价。对性的向往像春天的小虫，悄悄地拱出地皮，钻出了头。

你也许对异性老师或同学发生了好感，陷入了“单相思”，“揪心的思念之情”常常困扰你：你也许收到了异性同学写来的“小纸条”，你不知所措……

你开始思考：怎样和异性交往，怎样把握激情的闸门，怎样保护自己不受伤害，怎样封存只属于自己的秘密。你对于自己为什么会生在这个世上，死是什么等有关自己存在的问题感到困惑。

当你苦苦思考、探索时，恭喜你，你长大了！你进入了“青春思考期”，有理智地生活是长大成熟的标志。

这一切的到来，是那么平常、那么自然、那么必然、那么普遍。今天你遇到的身体的变化、成长的烦恼、感情上的困惑，我做少女时和你一样经历过，一点不奇怪。

不瞒你说，我上初中时，没人给我讲“性知识”，孩子是怎么来的一点不知道。告诉你一件很可笑的事：记得上初二时，我感冒胸疼去医院检查，医生是个男的，他的听诊器接触到我的乳房，我害怕极了，担心自己会生孩子，回到家闷闷不乐。细心的大姐发现我情绪不对，问我怎么回事，我说出原因，大姐笑得前仰后合，告诉我男人女人结婚，精子和卵子结合才会生小孩呢。她建议我戴个乳罩，减少刺激。那是我第一次听到的“性知识”，但我还是糊里糊涂，直到结婚还不知道孩子是怎么形成的，又是怎么出来的。

现在不同了，讲青春期性教育的书很多很多，你仔细看看就会知道：自己的身体是怎么回事，会发生什么样的变化，这种变化对自己将来的成长和发展有什么重要意义等。

《知心姐姐》杂志中，就有一个深受男孩女孩喜爱的栏目——“秘密地带”，上面经常有一些讲青春期性知识、性困惑的文章，你常看看会大有好处。

我在这里给你提个醒，总结了四个警惕，你们要做好自己身体的卫生，学会保护自己。

一、警惕性暴力的伤害。

在《知心姐姐》杂志的一次调查中发现，近年来，性侵害的事件不仅发生在女孩身上，也发生在男孩身上。预防性侵害，你们应该知道下面的知识。

1. 不能被侵犯的部位。

腹部、臀部、大腿内侧、男孩子的阴茎、女孩的胸部和阴部。这些部位不能让人触摸，也不能向别人暴露。当有人触摸时，应该说“不可以”，并远离这个人。

2. 实施性侵害者的一些伎俩。

哄骗：我们来玩一种好玩的游戏。

贿赂：脱衣服给我看，我就给你 100 元。

恐吓威胁：你如果告诉别人，我会杀了你的小狗。

暴力：把你痛打一顿，你才会听话。

甜言蜜语：我喜欢你，别的孩子都没你可爱。

扩大伤害的威胁：如果你不来，我会找你妹妹。

利诱：你学会了，将来可以赚很多钱。

以权威的名义来欺骗：是你爸妈（或老师）要我来教你的。

秘密禁忌：这是我们之间的秘密，不要让人知道。

拿你的错来封住你的口：上次你打同学的事，要我告诉你爸吗？

正常化：以前你姐姐也和我做同样的事，她现在过得这么好，你还担心什么？

拿后果来封孩子的口：这件事情如果说出去，那就不得了，我会被关到监狱，你妈妈也会被判刑，你呢，会被同学嘲笑。

拿亲人来威胁孩子：你奶奶如果知道了，她一定活不下去了。

强调善意：虽然我知道这很不对，但因为太爱你，所以没有办法克制自己。

3. 如果不幸遭遇性暴力。

一定要告诉父母。否则，将无法得到必要的身体上和精神上的治疗，这有可能造成更加严重的后果。被强暴只不过是遭遇了不想遭遇的事故，被害人决不应该因为羞耻心或罪恶感而承受痛苦。相反罪犯应该受到相应的惩罚，因此与其个人想办法应付，不如向有关机构申请援助。

当你遭遇性暴力时，请采取下列方法报案。

（1）记录遭遇性暴力的地点、时间、日期和罪犯的样子、穿着等。

（2）尽快（最好在72小时之内）到妇产科取证，并检查有没有感染性病，怀孕与否，以及时采取预防措施。

（3）被害时穿的衣服可以成为证据，因此不要洗，放到纸袋里保管好。

（4）通过性暴力专门咨询机构进行咨询，以便进行心理疏导，并接受医疗、法律援助。

二、警惕虚拟（电脑）暴力。

现在有些人在网上发一些性侮辱和让人厌恶的文章，这种卑劣的行为就是“虚拟暴力”。因为网络不会暴露他们的身份和长相。

这些人大部分在日常生活中却胆小如鼠。在网上，如果有人附和他的话，他就认为对方对他感兴趣，于是会变本加厉，越来越严重，但如果告诉他要报警，他通常会销声匿迹。如果你在网上看到性暴力方面的文章，你会怎么做？装作没看见呢，还是觉得有趣而附和对方？正确的做法是应该向公安机关或当地未成年保护机构举报。

三、警惕青少年性交易。

性交易在成人世界里也是应该根除的恶习，但如今连青少年也加入到这个行列中来，并且越来越多，真让人痛心！

青少年为什么要进行性交易呢？

根据青少年咨询机构的调查，青少年进行性交易的原因大多是“为了赚零花钱”“为了轻而易举得到昂贵的服饰和皮包”等。与对方认识的途径主要是网上聊天或电话。青少年如果单纯为了赚钱而进行性交易，这种想法实在大错特错。性交易与单纯的商品买卖不同，它不仅会破坏精神健康，还会感染性病或怀孕，并有遭遇性暴力的危险，非常可怕。

四、警惕“未婚先孕”。

大部分“未婚先孕”的少女都是由于对性知识的无知导致的。她们只知道喜欢和男朋友在一起，在毫无准备的情况下与男友发生了性关系，怀孕后才知道后悔，才知道这是一种对自己极其不负责的行为。

女孩一定要知道，女性一旦开始有月经就可以随时怀孕。男孩也一定要知道，和自己喜欢的女孩子过早地进行性行为是一种不负责任的行为，那不是爱，而是伤害。

如果已经发生了婚前性行为，一定要让父母带你去医院检查身体，以确定是否会怀孕，会不会感染性病、艾滋病。

现在很多学校都开设了性教育课程，在课堂上，你可以了解自己的身体，明白性心理和性生理的许多知识，可千万不要错过这样的机会哟！防患于未然，总比“亡羊补牢”好多了。

知心对话

青春是美丽的、多彩的、神秘的；
青春期的女孩更美丽、更多彩、更神秘；
青春期的男孩更自信、更健美、更有威严；
爱你自己，就要了解你自己；
爱你自己，就要把握你自己；
爱你自己，就要充实你自己；
美丽的青春永远属于你！

面对手淫——放松不恐慌

女孩悄悄话

“难道我真的是个坏女孩吗？说良心话，我知道做那种事非常不好。可是，感觉真的很舒服。您该不会骂我不要脸吧？可我真是控制不住自己，我到底应该怎么办啊？”

面对这样的求助，我首先提出一个小小的请求：男孩子们，请你们发挥一下小男子汉的“绅士风度”，暂时回避一会儿，让我们说几句有关女孩子的悄悄话。

先让我猜猜，你说的“那种事”应该是指手淫吧？如果真是这样，那么，有着同样苦恼的女孩子们，请你们都靠拢一些，坐得舒服一些，让我们一起来聊聊这个话题好吗？

说到手淫，你们一定会认为这是一件“非常可耻、非常肮脏”的事。其实，男孩子和女孩子进入青春期后，出现手淫现象是很自然的，一般说来，男孩要明显多于女孩。

下面，我就给你们读一读这封初中女生的来信。

知心姐姐，长期以来，每当我躺在床上的时候，总喜欢用两腿紧紧夹住被子，然后扭动身体来回磨蹭自己的“那里”，便会获得一种无法言表的快感。最近，一次偶然的机会，我又发现，当自己坐在椅子上，用一条腿搭住另一条腿，然后下半身用劲扭动时，同样也可以获得那种快感。于是，我这样做了很多次，每次的感觉就像是在空中飘一样爽。但是，每次做完后，我的心情会莫名其妙地低落，人也变得特别沮丧。所以，我常常对自己这样说：“这是不对的，我不应该这样做啊。”说真的，我并不是一个放荡的女孩子呀。

你们看，这个女孩向我们展示了自己内心的矛盾：做“那事”的时候，虽然很爽、很舒服；可是，事后的悔恨和苦恼却每时每刻折磨着她。

你们再看，一位高中女生在信中，更是详细地向我们诉说了手淫带给她的无尽痛苦。

卢勤阿姨：

您好！

我一直在为自己的身体健康烦恼着、痛苦着。

我心里很清楚，人最重要的就是要有一个健康的身体，没有健康的身体说什么都没用。然而，我现在却是在无情地摧残着自己的身体。

我已经断断续续地手淫很久了，大概有两三年的历史了。每次下身变得疼痛难忍以后，我都要后悔好几天。可是，过不了多久我又会“好了伤疤忘了痛”……不瞒您说，就在给您写这封信之前，我还在经受着这种折磨……您看，我是不是很下流啊？可是，我也不愿意啊，真的不愿意。

无聊的时候，或是躺在床上的时候，我总会产生一种冲动，想拿起一本书来，反复翻看里面那不知看过多少回的章节……我也不知道自己是在寻找刺激呢，还是一种本能反应？也许是两者都有吧。卢勤阿姨，我到底该怎么办呢？

手淫容易导致不育，这一点我听人说过。可是，我就是控制不住自己啊！我真的好怕，再这样下去，迟早有一天我会被查出来身体有病，而且居然是因为手淫造成的。到那时，我还怎么做人啊？在中国，人们最鄙视的就是这样的女人了。那样，也许我的一生将会变得灰暗无比，也许今后将不会再有人肯要我了……我真恨自己。但永远都是恨过之后又重蹈覆辙……我该怎么办啊？实话对您说吧，我的月经周期已经非常不正常了，七天变成了三天，而且量也很少……可是，我又不敢正大光明地去检查，毕竟我只是个学生啊，又没有钱。而且，就算查了又有什么用呢？即便现在没事，可谁又能保证，等我将来年纪大了不会落下什么后遗症呢……这件事，我连自己的妈妈都不敢告诉。

如果打扰了您，我感到十二万分的歉意。但是，我求求您了，百忙之中一定要抽空看看我的这封信。因为，我是真的真的真的很想听听您的意见啊。从小到大，您在我的心目中真的很完美，我一直都很敬佩您。而且，我非常信任您，相信您不会让迷茫中的我一无所获，一定会帮我走出这深深的痛苦。

看了这两封来信，相信对你们的震动一定不小吧。此时此刻，你们心中最大的感触又是什么呢？

我首先想要告诉你们的是，手淫本身其实并不是一种罪恶。进入青春期以后，随着身体的发育成熟，你们体内的性激素水平也会上升，自然而然就会产生一种对性的欲望和冲动。可是，由于对性知识的缺乏和对身体发育变化的恐惧，一种压抑的情绪也会悄悄滋长在每个人的心头。不管是在有意还是无意之中，很多孩子会发现，通过手淫就可以排遣这种郁闷的心情，而且还能解决一时的性冲动，满足自己还没有真正了解的性欲望。所以说，这种手淫现象的出现是很正常的，只是人在青春期时用来发泄性冲动的一种自慰行为。

可以说，手淫行为是青春期孩子中比较常见的一种性活动形式。它从另一个侧面也说明了，你们的身体正在悄悄地发生着变化，正慢慢地走向成熟。打个比方说吧，假如我们把青春期的性冲动比作潮涌的洪水，那么，手淫行为就好比控制洪水的闸门。随着你们进入青春期，身体和生理发育逐渐成熟，自然而然就会产生一种莫名的性冲动，所以出现手淫行为并不丢人，也不违反道德准则，更不会危害他人和社会，怎么能看作是“放荡”“下流”呢？而且，有一点我必须要告诉你们，青春期的这种手淫行为，一般不会影响将来的正常生育。

但是，我也要郑重提醒你们，千万不要把手淫行为当作解决性冲动的唯一途径，这一点非常重要。如果对它形成过分依赖，甚至沉溺其中就有害无益了。因为过度地迷恋这种“喜好”，会分散你们的精力，影响学习不说，甚至还会造成很大的精神压力，形成像那位高中女生一样的心理困惑。

那么，有没有什么办法告别这种“喜好”？当然有啊！解决这类青春期性冲动的最好方法就是：放松身心，减轻压力，走出心理的困境。不要因为好奇就轻易尝试，也不要因为尝试而终日悔恨。我建议你们，不妨试试下面八种方法，看看能不能对你们有点帮助。

1. 转移对性的注意和兴趣。

不看色情读物、电影、电视，不看淫秽录像，多读有益的书、报、刊，努力培养和增加自己其他方面的兴趣与爱好。

2. 积极参加文体活动。

当青春期性冲动呼之欲出的时候，你们的身体就像一座即将喷发的火山。因此，要想给“奔腾、炽热的岩浆”一个正确的“喷发口”，最好的办法就是多运动。在跑跑跳跳之中，你们体内郁积的能量就能得到释放，从而帮助你们减轻心理压力。当然，平时多听音乐，也可以起到缓解压力、放松心情的效果。

3. 巧妙转移注意力。

开放“门户”，多与父母沟通，多与外界接触，巧妙转移注意力。心理学家认为，当人经常一个人待着，心理活动就会朝向自己，范围也会变窄变小，结果令自己陷于某种矛盾不能自拔。所以，有过手淫行为的孩子一定要多与人交流，丰富自己的内心世界，从而转移对性的注意力。千万不要把自己封闭在一个人的“小天地”里。

4. 养成良好的卫生习惯。

每天晚上睡觉前都要认真清洗阴部，要用热水洗脚。选购内衣、内裤的时候，千万不要一味追求新颖时尚，选择那些过小、过紧的贴身内衣。并且，平时一定要养成勤洗勤换内裤的好习惯。

5. 养成良好的生活习惯。

晚上最好不要过早上床，避免因为睡不着而面对“诱惑”；早晨醒来后更不要赖床，应该及时起身穿衣，同时保持室内的空气流通；睡觉时不要趴着睡；被褥不宜过暖、过软。还有，一定要养成定时大小便的习惯，千万不要憋尿；因为憋尿会刺激生殖器，影响泌尿系统的正常发育，同时让你产生手淫的欲望。

6. 积极、主动、大方得体地与异性同学交往。

正常的异性交往，对于青春期的男生女生性心理的正常发展也非常重要。

7. 告别“喜好”要循序渐进。

应该清楚，手淫行为不可能一下子根除，需要有一个逐渐减少的过程。所以，告别这种“喜好”的过程，也是培养与锻炼自己意志品质的过程。对此，一定要有信心，更要有耐心。最好的方法就是：根据自己的实际情况，制定一个合理的具体计划，有意逐渐拉长“喜好”的间隔时间，但不必急于求成，只要在克制方面有些进步，就要及时地鼓励自己一下。

8. 去心理门诊求助咨询。

如果手淫行为变得越来越频繁，自己已经深陷其中不能自拔了，那就最好求助正规医院专科医生的诊断和治疗。有必要的话，也可以去心理门诊求助咨询。

最后，我请你们也给自己的父母们捎句话：“我们的这种‘情况’，只是消除性冲动的一种手段，相信许多青春期的孩子都这样做过。因此，它绝不是什么丢人现眼的事。只要不过分，不影响身体和学习，就请你们不要干预吧。可是，当我们因为这种‘青春的冲动’损害了身体、影响到学习时，你们也要冷静对待，多和我们沟通，帮助我们正确地走出青春的旋涡。

但是，请不要声张。”

我这样说，并不是替你们撑腰哦。要记住，天底下哪个父母不爱自己的孩子？正是因为这种爱，才会让他们感到震惊和担忧。所以，当你们诚恳地“坦白”之后，却听到父母过激的指责，也不必马上产生“可耻的犯罪感”而无地自容，更不要和父母产生严重的对立。你们要理解他们的爱心，应该首先诚恳地检讨自己：“出现‘情况’没能和爸妈及时沟通，结果影响了身体和学习，让爸爸妈妈为自己担忧，为自己着急了。”主动争取父母的谅解，然后全家人一起正确面对这种“青春的冲动”，群策群力，圆满解决。

请记住：只要追求健康，办法总会有的。

知心对话

面对手淫，不惊不慌，沉着应对。

面对手淫，有方有法，巧妙化解。

走出阴霾的“小天地”，迈进健康的“大自然”，去呼吸最清新的空气，去沐浴最灿烂的阳光。让身心充满朝气，让细胞充满活力。

那么，美好的青春将永远属于你！

面对伤害——勇敢不鲁莽

有种拥有叫平安

世上有种种拥有，有一种最可贵，它不是地位，不是金钱，而是平安。世上有万般失去，有一种最无奈，它不是权势，不是美貌，而是平安。

在我国，每天大约有 40 个孩子死于交通事故；每年有近两万名孩子非正常死亡；还有 40 ～ 50 万的孩子被中毒、触电、溺水、拥挤、他杀等伤害。意外伤害已经成为 14 岁以下少年儿童的第一大死因。

许多同学来信对我说：知心姐姐，如果遇到危险和意外伤害怎么自救，你能不能介绍点具体办法呢？当然可以，这里我给你支 5 招。

第一招：遇到绑架怎么办？——冷静机智不心慌。

我国台湾台北市鹭江小学 8 岁男孩小黄遭绑架后，为保护好自己，和歹徒相持过程中不吵不闹。绑匪要小黄打电话给母亲时，小黄还故意对母亲说："叔叔很好，买麦当劳给我。"并要母亲把钱给绑匪，借此降低绑匪行凶的可能性。

在被绑架者释放后，小黄清楚地描述了嫌犯的特征、绑架时走的路线及周边环境特征，还画出了歹徒藏匿处的陈设。这些线索使警方在 21 小时内成功破案。警员非常惊讶，小黄的记忆几乎和现场完全一样，可见他当时多么冷静！这位成绩优异的小学生对警员说，回想起学校曾教过"反勒索五招"，他就不觉得害怕了。

这回让小黄派上用场的"反勒索五招"是：

1. 衡量歹徒人数及发生地点是否对自己有利；

2. 尽量保护自己不受到伤害；

3. 找借口拖延时间，寻求脱身机会；

4. 伺机逃跑；

5. 牢记歹徒的姓名、身形、特征以及绑架发生的时间、地点和过程。

自救的办法呢，也有这么几点：

1. 平时进行被绑架演习；

2. 歹徒拿出凶器时，不要生硬对抗；

3. 被歹徒拉上车时，尽量留下物品、记号，方便家长和老师及警方的寻找，同时要记下路线；

4. 紧急情况下，要假装与歹徒合作；

5. 记住一切方法都要服从于保护自己少受伤害。

第二招：遇到溺水怎么办？——求助大人不鲁莽。

如果你游泳时不慎溺水，要尽量克服紧张害怕的情绪，也不要大喊大叫，免得呛水。正确的办法是：屏住呼吸，尽量在水中寻找并抓住一件漂浮的东西，如木块等，以帮助自己不至于下沉。同时像蹬自行车一样不断踩水，并用手不停地划水，使自己头部露出水面。在脑袋露出水面的时候换气再呼喊“救命”。只要坚持反复这样做，就不会沉入水底，以争取被别人发现并赢得救援时间。

如果有人来救你，千万不要猛地抓住别人的身体，更不要一下拖住对方，这样反而不利于对方游泳，甚至会消耗对方的体力。最好的做法是身体放松，让救你的人托着你的身体。

如果别人溺水你去救，要勇敢但决不能鲁莽。第十届全国十佳少先队员石锋可以称得上是机智勇敢的小英雄！

石锋是安徽省繁昌县峨山中学初一的一名学生。2001 年 4 月 25 号，是个大雨天，石锋和小伙伴走在上学的路上，忽然听见求救声，原来一年级女生吴美在慌乱中滑到溪水里。转眼工夫，吴美就被水冲出去了很远。同学们吓傻了，呆呆地站在那儿，不知该怎么办。

石锋站出来，一边叫小伙伴去找大人，一边“命令”其他低年级的同学跑到安全的地方，不准乱动。石锋自己也不会游泳，他知道跳下去就是送死，他只想救人，不想送死。他看见刚从山下搬运来的毛竹，灵机一动，拖起一根毛竹向溪水下游飞跑，抢在吴美前头，把毛竹横放在溪边的树杈上，他双手按住毛竹，稳住身子慢慢地往溪中央移动……吴美顺流而下，刚好冲到石锋身边。石锋死死地抓住了她，还把她的头托起来，让她趴在毛竹上透气。

他咬紧牙关，用身体紧紧护着吴美，还大声地对吴美说：“握紧我的手！”十几分钟后，大人们来了，他们得救了。

救人的办法，有这样几点：

1. 有人喊救命，要跟着呼喊，让更多人来救援。

2. 不要盲目蛮干，不会游泳的人千万不要下水营救。

3. 找大人来帮忙营救。

4. 溺水的伙伴昏迷，要会做人工呼吸，并立即打 120 求助医生来抢救。

第三招：遇到骗子怎么办？——头脑清醒不上当。

女孩们上当的原因是什么呢？第一，她们绝大多数是在校读书的学生，对陌生人的辨别力和警惕性不高；第二，她们经济状况普遍不错，喜欢“赶时髦”，一听说是“公益事业”就充满爱心；第三，受流行文化的影响，对充满神秘感的“007”“特工”之类事物有崇拜心理。

防骗的办法有哪些呢？

1. 参加“奉献爱心”活动，最好由家长带领或是学校组织。

2. 不要随意单独跟随异性去某个地方，防止遭到性伤害。

3. 不要以为某个异性特别小（只有十六七岁）或特别老（已经七八十岁啦）就不会有任何问题。

4. 不要被“留学生”“007”“某歌星经纪人”之类说法蒙骗。

第四招：遇到火灾怎么办？——自救、求救不惊慌。

家里发生火灾怎么办？别惊慌，注意观察火情想办法。

救火的办法有这么几点：

1. 能自行扑救时要及时扑救，无力自救时要立即关上起火房间的门，迅速逃离房间，有效逃生。

2. 逃生时不能身体直立，应俯下身去，目光注视前下方，因烟浮在上面，要用湿毛巾护住口鼻，或是披着湿被子，以减少烟气对人体的伤害。

3. 逃生方法行不通，应立即拨打 119 火警电话报警，同时用手电筒或投小物品等方式发出求救信号。

4. 灭火器、安全绳都是家居必备的，紧急情况下还有一种有效的家用灭火剂——食盐。

第五招：遇到天灾怎么办？——早学早防不延误。

在印度洋大海啸中，一名 10 岁的英国小女孩仅凭自己在课堂上学到的知识，救了几百人的性命。

这位小英雄名叫缇丽，海啸来临当天，她正和父母在泰国普吉岛海滩享受假期。就在海啸到来前的几分钟，缇丽的脸上突然露出惊恐之色。她跑过去对母亲说：“妈妈，我们现在必须离开沙滩，我想海啸即将来临！”

她说她看见海面上起了很多的泡泡，然后浪就突然打了过来。这正是地理老师曾经描述过的情形，并且她记得，从海水上涨到海啸袭来，这中间有10分钟左右的时间。

起初，在场的成年人对小女孩的话都半信半疑，但缇丽坚持请求大家立即离开。于是，几分钟内游客已全部撤离沙滩。当这几百名游客跑到安全地带时，身后已传来了巨大的海浪声——“噢，上帝，海啸，海啸真的来了！”人们在激动和惊恐中哭泣，争相拥抱和亲吻他们的救命恩人缇丽。当天，这个海滩是普吉岛沿岸唯一没有死伤的地点。

逃生办法呢，要记住下面这几点：

1. 平时要用心学习防灾知识：如防地震、防洪水、防海啸、防冰雹、防雷暴袭击等。

2. 外出旅游要仔细观察环境变化，发现异常，立即自救逃生。

知心对话

面对伤害，保护自己最重要。有人帮你，是你的幸运；无人帮你，是锻炼自己的机会。没有人该为你做什么，因为生命是你自己的，你得为自己负责。

面对缺失——弥补不放弃

从今天开始

在我们的成长过程中，需要很多的营养，缺失任何一种，都会给我们的身体带来影响。如果从小钙缺失，你学习的时候，就会注意力不集中，耐力下降，长大还容易发生骨折。如果从小碘缺失，你就会出现甲状腺肿大（俗称“大脖子病”），甚至还会影响到下一代的健康。同样，如果从小文化缺失，成长中又没能及时补充，那么等你长大后，心灵的世界将是一片空白。

团中央、教育部、全国妇联、公安部等单位曾联合举办了“为了明天——预防青少年违法犯罪工程”的启动仪式。在那次会上，我被授予“爱心大使”的光荣称号。站在人民大会堂的主席台上，接过沉甸甸的大红证书，我真是感慨万千，回忆起几个月前的一段经历。

我带着自己撰写的《告诉孩子，你真棒！》和团中央赠送的《青春警示录》《青少年自我保护掌中宝》，走进了浙江省未成年犯管教所。

中午和学员们一起吃饭的时候，我了解到：他们中间最大的孩子只有17岁，最小的孩子还不到15岁，大部分是因为抢劫被关进来的。

下午，我给全体学员作了一场报告，题目是《为了明天，从今天开始》。这是我生平第一次为失足少年做报告，场面真的让我非常震撼：2000多名男学员全都剃着光头，穿着统一的少年犯服装，齐刷刷地坐了满满一礼堂。

“当我向大家问好的时候，我希望你们能够大声地回答我。”面对他们，我讲出的第一句话是，“孩子们，下午好！”

“好！”声音震耳欲聋。我看到，他们的眼睛里都放着光。

“真的不想在这里见到你们，”我很动情，“当我走进这里，听到你们操练时洪亮的声音；当我和你们进餐时，看到你们吃饭麻利的样子，我就想，如果我是在军营里见到你们该有多好啊！如果我是在校园里见到你们该有多好啊！可今天，我们却是在高墙里相见……但我相信，你们之中谁都不希望这样。人有时候是会犯错误的，有时候一失足就犯了罪。但是，那都过去了。今天，是人生新的开始。”

掌声更加热烈了。

“好了，让我们先认识一下吧。我叫卢勤。可是，我还有一个更出名的称呼——知心姐姐。我想问一下，你们之中，有谁小时候读过《中国少年报》？”

意外的是，礼堂里一片寂静。很久，才有一个学员举起了手。

“你在哪里读过《中国少年报》？读了几年？”我请他站起来继续问道。

“在四川的一个农村小学，读过一年。”他回答。

“那你今年多大了？”

“快18了。”

“很好，请你坐下。也请大家给他一点鼓励好吗？”等到掌声平息下来，我又问，“有谁读过《中国中学生报》吗？”

等了好半天，没有人回答。

“那么，有谁读过其他的少儿报纸吗？”场上仍是一片寂静。

这时，我的心里一下觉得沉甸甸的。那一刻，我猛然记起，就在几年前，《中国少年报》诞生50周年的那一天，在人民大会堂，一些很有成就的新老读者相继登上讲台，回忆了《中国少年报》伴随自己成长的往事：中央电视台著名节目主持人敬一丹说，她从小就爱看“知心姐姐”栏目，由此便产生了当主持人的梦想。后来，她的女儿又成了《中国少年报》的忠实读者，多次在征文活动中获奖，也做了学校电台的小主持人。著名相声演员姜昆说，是《中国少年报》的“小虎子”让他从一个淘气包变成了一个爱做好事的孩子。著名歌唱家郁钧剑则回忆起自己上小学的时候，曾三次收到“知心姐姐”的回信，那幸福的感觉他至今都不会忘记……

想到这些，望着眼前这些失足的孩子，我真是深切地感到，少年时期的文化滋养对一个人的成长是多么重要。这些孩子，从小与书、报、刊无缘，心灵的世界里杂草丛生，一片荒芜。他们缺失的不仅仅是亲情和关爱，还有先进文化的滋养。他们没有学习的经历，没有学习的兴趣，没有学习的能力，也就没有了生存的本领。但是，他们却是一股巨大的力量，能够摧毁这个世界，也能建设这个世界。

于是，我对他们说：“今天早晨一走进这里，我就看到庭院中耸立着一座塑像——一双手托起一个太阳，太阳上有一只和平鸽。可是，你们知道吗，那双手是谁的手？是爸爸妈妈的手，是祖国人民的手。那太阳又是谁？就是你们，你们就是明天的太阳。那和平鸽就象征着自由。看到这个塑像就看到了明天，看到你们也就看到了明天的太阳。今天，我就想跟大家讨论一下，为了明天，怎样从今天开始？”

怎么开始呢？我告诉他们，第一，从今天开始，珍爱生命；第二，从今天开始，珍惜时光；第三，从今天开始，珍重自己。

“今天中午走进食堂的时候，我看到一个男孩，脑袋上的大伤疤至少有6条，一道一道的，鼻子也少了一块，真让人看得心疼。我问他怎么弄的？他却不当回事地告诉我，打架打的呗。打架居然能打成这样。想象一下，当时他一定是鲜血淋淋的……孩子，千万别干这种蠢事啊。要知道，你的生命来之不易，你没有权利这样轻易伤害自己。”接着，我讲了一件事情。

一位痛苦万分的妈妈跑来向我求助，说她的女儿不学好，小小年纪就“不走正道”。怎么回事呢？原来就在几天前，妈妈发现自己刚买的茶叶突然不见了，细心“侦察”之下，妈妈发现是女儿把茶叶偷偷拿进了自己的房间。为什么要这样做呢？在妈妈的一再追问下，女儿“坦白”了：自己经不住同学的怂恿，就在右耳垂上打了一个耳洞。才打几天，不能戴耳钉，又怕它长回去，只好挑根茶叶棍先塞上。妈妈急了，和女儿大吵了一顿……我对这位妈妈说：“您别着急，让您的女儿参加我们的夏令营吧。”在夏令营活动中，我们另一位“知心姐姐”，特意把一朵小黄花插进女孩的耳洞里说：“你戴着这朵小黄花真漂亮，为什么不两边都扎上呢？”女孩没好意思说妈妈不同意，只好反问：“你那么漂亮，为什么不扎耳朵眼？”这位姐姐告诉她说：“我身上的东西都是妈妈送给我的礼物，我可舍不得破坏它！说真的，我连头发都舍不得剪，更别说扎耳朵眼了。”女孩信服了，她发现，别人竟是这样地珍爱生命，珍爱自己的身体。

“所以，我希望你们这些男子汉们也都能珍爱生命，珍爱自己。”

孩子们神情专注，每个人都听得十分认真。当我宣布，等会儿每人都会得到一本《告诉孩子，你真棒！》时，场上又是掌声雷动。

我拿起话筒走到他们中间问道：“孩子们，你们中谁有话想说，现在可以上来。”

礼堂里静静的。他们都被“孩子们”这个称呼感动了。这时，一个男孩的声音打破了沉默："知心姐姐，您能给我签个名吗？"

"当然可以！"我拿起一本书，当场签名送给了他。

会场上立刻活跃起来。另一个男孩站起来认真地说："知心姐姐，我能喊您一声'妈妈'吗？"我当然不会拒绝，"行！"

"妈妈，我过去是做了坏事。可是，今后我不会再干了。我还要做好事，您能相信我吗？"他勇敢地看着我的眼睛问。

"妈妈相信你！"我大声回答他。

又一个男孩子走上来，小声地问："您能告诉我，您的生日是哪天吗？"

这时我看到台下两千多双眼睛都在深情地望着我。我的眼睛湿润了，我把我的生日告诉了他们，因为他们渴望妈妈的爱。

这时，一个男孩迟疑地站起来问："您能告诉我，出去后怎么立足吗？"

"你什么时候出去？"我问。

"明年二月。"

"很好！二月二，龙抬头！"我拍着他的肩膀大声说，"过去做错了事，抬不起头来。可是，今天你变好了，是个好人了，就要抬起头、挺起胸做人。做一条腾飞的龙！"

"我就叫龙！"他指着胸牌给我看，果然，他的名字里有个"龙"字。

就在这个时候，一个男孩冲上来，眼里含着泪水："我能抱抱您吗？"我一下抱住了他。男孩紧紧抱着我小声地说："我妈妈从来不肯抱我！"听他这么说，我的泪水一下子涌了出来……

当我离开时，所有孩子站起来鼓掌欢送。那掌声像重锤一样敲打着我的心……

新年前夕，我收到了从少管所寄来的好几封信。

……7日那天，妈妈您能来看望我，我真的很感动。说真的，当我坐在台下听您讲话时，心里别提多后悔了。如果早几年我能听到您的这些话，也不至于……兴许现在还在念高中呢。可是，事实是无法改变的。现在我只有好好改正自己的坏思想，把刑期当学期，多学一些知识和技术来充实自己……

……当我拿到您送给我的那本《告诉孩子，你真棒！》时，心里特别激动，一回到监舍，就迫不及待地看了起来。想想真后悔，在外面时就知道“混”，没能读到这样有用的好书。从今往后，我一定会记住您教给我们的改变错误观念的方法，珍惜生命，珍惜时光。真的希望还能见到您……

一个署名“失足少年狄威”的孩子更是写来了满满两页纸：

您作为一位著名作家，却能抽出时间来到高墙内看望我们，为我们讲课，帮助我们，令我们十分感动。您那长达3个小时的讲话，好几次令我感动得流下了眼泪。要知道，在短短的3个小时内，能让我哭上好几回，真是一件少见的事（因为我平时很少流泪）……您的那些话，我听得很认真。尤其是“从今天开始，要珍惜生命”那一段，真的让我明白了，是妈妈给了我生命，我不孝顺她，还有谁孝顺她啊（我是一个独生子）……也许，这封信是千万读者来信中的一封。也许，您根本顾不上看这封信（我知道您很忙），但是，我还是会坚持给您写信的。

……

元旦那天，我收到了徐力寄来的礼物：一张漂亮的立体贺年卡和两个他亲手编成的中国结。徐力在信中说：

自从您走了以后，这里的伙伴们都很想念您，时常向我问起您的情况，一致要求我把新年的祝福转达给您。

您送给我们的书，大家都十分爱惜，就像对待珍宝一样，看完后都保管得很好，生怕弄坏了。您的关怀在大伙儿心中引起了强烈的反响，这是我从来没有见到过的。您确实是一位很了不起的“知心姐姐”。

我们一定会好好利用在这里的时间，多学一点知识，多充实自己，使自己变得更加全面，以便出去后更好地适应社会，并争取更大的成绩，不辜负您对我们的期望！

所有这些，给了我们重要的人生启迪。

知心对话

面对文化的缺失，我们别无选择，只有加紧弥补。

曾经没能抓紧时间好好学习，就已经缺失了很多很多。所以，从今天开始就必须更加努力。

只要开始，一切还都来得及。醒来了，就马上行动吧。

面对阅读——坚持不间断

每天阅读十分钟

你一定不知道，就在28年前，黑龙江依兰县的大山沟里，生活着一个10岁的小男孩。他家里很穷，买不起课外书。可是，他渴望读书，就天天去捡破鞋底，卖了钱攒起来买书。

终于有一天，他得到了人生中的第一本书《小种子旅行记》。

蒲公英妈妈把她的孩子“小种子”们托付给清风，带上蓝天，让它们一个个独自去旅行。别的“小种子”没飞多远就降落下来，老老实实地过起了平淡的日子。可是，只有一粒“小种子”抱着要飞到“天涯海角”的梦想，越飞越高，越飞越远。刮风下雨它不害怕，电闪雷鸣它不退缩，而是一直勇敢地向前飞……终于有一天，它真的飞到了天涯海角，落在了海边的一块岩石上。不久，从岩石缝里钻出一棵小苗。小苗越长越大，托起了早晨初升的太阳……

美丽的故事深深地打动了这个男孩，在他心中也萌生了一个美丽的梦想，长大了，也要飞出大山，飞到天涯海角去。后来，经过刻苦学习，他考上了上海外语学院，真的去了一趟祖国最南端的“天涯海角”，去寻觅崖石上的“小种子”。大学毕业后，他又走进了外交部的大门，成了一名年轻的外交官。

这个男孩，他的名字叫张明舟，专门从事中国儿童读物的指导工作。

我和他曾一道前往南非的开普敦，参加了国际儿童读物联盟第 29 届世界大会。站在印度洋和大西洋交界的好望角上，当我问他为什么不做外交大使，却热衷儿童阅读事业的时候，张明舟给我讲了上面的故事，同时动情地告诉我：“我现在的梦想是，让中国的每个孩子都有书看，让书帮助孩子们插上理想的翅膀！”

你看，一本书对一个人一生的影响有多大，对一个人理想的树立有多重要。

记得莎士比亚曾经说过：“书籍是全世界的营养品。生活里没有书籍，就好像没有阳光；智慧中没有书籍，就好像鸟儿没有翅膀。”事实确实如此，一个人如果从小没有养成阅读的好习惯，就像一架没有翅膀的纸飞机，飞不高，更飞不远。

我们曾对全国“十佳少先队员”进行过调查，结果发现，这些孩子在阅读方面的能力都高于普通儿童。14 年后，我又对部分“十佳少先队员”进行了跟踪访问。我发现，这些孩子也都成长得非常优秀。

其中表现最突出的就是上海女孩张琳和藏族少女意娜。张琳从小就酷爱阅读，曾是《中国少年报》忠实的小读者、小作者，也曾是一名认真负责的小记者。记得我带她去大别山采访的时候，她才 12 岁。当时她读书的数量之多，已经令大人们惊叹不已。也因此她表现出来的能力就比一般孩子要强。现在，张琳已经获得了医学硕士学位，在美国哈佛大学进修，努力实现着自己人生的理想。

藏族小姑娘意娜从小也是个读书迷，爱写诗、爱画画。书给了她智慧和梦想。在她 9 岁时，有一次爸爸带着意娜去草原。小姑娘被那里的美丽深深吸引，回家后就画了一幅画，并配了一首小诗：

我和牦牛去草原／那里有青青的小草／那里有蓝蓝的天／那里没有人捉小鸟／那里太阳的脸上没黑烟

你千万别小看这幅诗配画，它可在国际上获得过大奖呢。意娜 11 岁时当选为全国“十佳少先队员”，后来又写过好几本书。现在，她已经从中国人民大学中文系毕业了，成了一位很有才华的青年作家。

当然了，除了这些“小孩子”，我也曾对一些成功人士进行过采访，发现他们也和阅读有着不解之缘。曾经担任过团中央书记处常务书记的孙金龙。从小就生长在一个贫苦的农民家里，没钱买书订报。可是谁又能知道，少年时捡到的一张报纸竟改变了他的一生。

那是小学一年级的下半学期，有一天，我到同村的一个小伙伴家里玩，无意中在他家门后的旮旯里捡到了一张揉皱了的废纸。当时，我并不知道那就是报纸，说实话，在这之前我也没见过报纸到底是什么样子。看到报头的标题，我才知道，这是一张《中国少年报》。报上的内容一下子就把我吸引住了，至今我还记得上面的主要文章。因为，它给我的印象实在是太深了，直到今天也难以忘怀。可以说，那张《中国少年报》成了我的第一份课外读物，我是一口气把它看完的。小伙伴见我这样兴奋，就告诉我，他家屋顶棚里还有一大堆这样的报纸。于是，从那天开始，我几乎每天都跑到他家去看报。报纸上的一切对我来说，都是那么新奇，那么的引人入胜，尽管它们几乎都是好几年前的旧报纸……

这段往事，已经过去很多年了。对今天的小朋友来说，可能并不值得一提。但是，对于生长在闭塞落后、文化贫乏的农村的我来说，却是一件非常了不得的事情。正是那些过期的《中国少年报》，开启了我幼小的心灵，给了我一个村庄外面的世界，令我向往，更令我在想象中徜徉……

后来，孙金龙终于走出了山沟，考上了大学，成为一名优秀的地质工作者。由于在援外工作中表现突出，他很年轻的时候就获得了国家特殊贡献奖。对此，他深情地告诉我：“《中国少年报》就好像一个小窗口，打开了我的大世界。”

一个平凡的农村孩子，由于养成了阅读的好习惯，经过自身的不懈努力，终于成为一个不平凡的人。一个普通的民族，由于重视阅读，更会成为一个强大的民族。

据说，被全世界公认的智慧者——犹太人有这样一个习俗：在孩子小的时候，母亲就会把《圣经》翻开，在上面滴上蜂蜜，让孩子去舔。其实，这样做的用意无非是想让孩子从小就牢记：书是甜的，读书是一种美好的享受。

上海复旦附中的学生汤玫捷去美国交流学习一年后，回来告诉我，美国的政府官员和大公司的主管们都非常关注各国青少年的成长。他们通常会问汤玫捷一些“中国孩子都看什么书”“中国孩子如何应对考试”之类的问题，似乎在他们看来，中国的 GDP 不是威胁，真正的威胁来自下一代。所以，当他们与酷爱读书的汤玫捷熟悉之后，总会这样开一个美国式的玩笑：“看来，中国确实在威胁美国了。”

哈佛大学前任校长艾略特说得好：“养成每天用十分钟阅读有益书籍的习惯，20 年后，思想上将有大改进。所谓有益的书籍，是指对身心健康成长有益的书籍，不管是小说、诗歌、历史、传记或其他种种。”

为了帮助青少年养成爱读书的习惯，从 2002 年开始，全国 200 多家少儿报刊联合在青少年中开展“每天阅读十分钟”活动。许多优秀的书、报、刊像鸿雁一样，飞到了祖国各地，飞进了大山深处，让被大山隔断视线的孩子们看到了外面的世界。

重庆市秀山土家族苗族自治县东路小学的孩子们通过这项活动大大获益，这所学校的辅导员唐秀红老师在活动的表彰大会上，提出了自己学校希望达到的目标：“让有书看的孩子爱看书，让没书看的孩子有书看！”

为了心灵的成长，让我们读书吧。因为，读书能使我们今天比昨天更有智慧，今天比昨天更加慈悲，今天比昨天更懂得爱，今天比昨天更懂得宽容，今天比昨天更懂得生活的美好。

知心对话

面对阅读，你要充满极大的热情和兴趣。

面对阅读，你必须把它当作陪伴一生的习惯。

一个有远见的人，宁可少玩一会儿游戏，也不能不读书看报。

因为，书是你最好的朋友，它将陪伴你一步一步走上成功的台阶。

面对命运——认学不认命
改变命运靠自己

我常常遇到这样一些同学：不管她是“耳朵上打了6个耳洞”的城市女孩，还是因为贫困而失学的农村女孩；不管他是“一提到学习就犯傻，一提到爸妈就嫌烦”的“新新”男孩，还是整天成为同学们嘲笑对象的打工子弟。总之，每个人一开口几乎都是同样的一句话：“知心姐姐，生在这种家里，我真是倒霉透了。我怎么就这么命苦呢？”每当这个时候，我都会学着他们的语气告诉他们：“要相信自己，改变命运，全靠自己。”

前几天，我一口气读完了美国作家哈罗德·阿尔吉的小说《流浪儿迪克》，心里有一种冲动。我的第一个念头就是，如果这本书在中国出版，我一定要多买几本，送给那些家境贫寒的同学，同时告诉他们：改变命运靠自己。迪克行，你也一定能行。

书中的小迪克，是一个从小失去父母、一无所有的流浪儿。但是，他通过诚实的劳动和不懈的努力，逐步改变了自己的命运，最终成了一个成功的青年“绅士”，一个受人尊敬的人。我们一起来分享下迪克感人的故事，同时分析一下他成功的秘诀。

我想第一点应该是，成功是目标，改变目标就改变了世界。

原来的流浪儿迪克，成天穿着“华盛顿将军的上衣和拿破仑元帅的裤子”，破破烂烂、脏兮兮地游荡在街头，靠替人擦皮鞋挣钱填饱肚子。可是每回走在街上，他就觉得十分神气。每天只要能吃上饭，能在街头的木桶里睡觉，他就心满意足了。直到有一天，一次偶然的机会，他结识了有钱的男孩弗兰克，体验了一天绅士的生活，这才第一次为自己的无知和邋遢感到羞愧。弗兰克送给他一套绅士衣服，虽然是旧的，却彻底改变了迪克的形象。当人们不再用鄙视的眼光看他，对他彬彬有礼时，迪克第一次感受到了一种尊敬。于是，他心中有了新的目标——“将来我要成为一个受人尊敬的人”，过上“真正受人尊敬的生活”。正是这个目标，最终改变了小迪克的世界。

所以，目标对人的一生是十分重要的。正如高尔基讲的那样：“不知道明天该做何事的人，是很不幸的。”要我说，目标对成长中的你更加重要。无论你是贫穷还是富裕，如果少年时期就能树立起人生的目标，便犹如在心中播种了一个太阳，一个带给人希望的太阳，一个带给人力量的太阳。这个太阳，能够把你带进一个光明的世界。

第二点，成功是一种态度，改变态度就改变了命运。

小迪克是个诚实正直、勤劳上进、乐观热情的孩子。他从不撒谎骗人，也不偷东西，还很乐于热心帮助别人。小伙伴有困难，他更是经常解囊相助。这些优秀的品质，让他拥有了真正的朋友。但是，由于没有受过教育，又整天在街头上流浪，迪克也沾染了一些坏毛病：比如自由散漫、抽烟、赌博，有了钱就去百老汇，将平日里辛辛苦苦挣的钱，大手大脚地全部花光……可是，自从迪克确立了过“真正受人尊敬的生活”这一目标后，就“下决心改变自己”：他改变了自己的生活态度，开始去银行存钱，花钱租房子住，不再露宿街头；他还学会了自我约束和节俭，让每一分钱都用得其所。正是这种积极的人生态度，最终使小迪克告别了流浪儿的生活，“逐渐享受到不断改善自己和拥有一些财富的快乐”，过上了“真正受人尊敬的生活”。

你们看，成功是不是一种态度、一种感觉。你一旦改变了自己的态度，由消极变为积极，由自我放纵变为自我约束，由“我不行”变为“我能行”，最终就能改变命运。

第三点，成功是一种开发，改变内存就改变了生活。

小迪克是个十分聪明的孩子。由于他从小失去父母、流浪街头，失去了上学的机会，所以大字不识几个，就连自己的姓名也拼写得歪歪扭扭。但是，自从他向往过“真正受人尊敬的生活”开始，心中第一次有了学习知识、开发自己的强烈愿望。于是，他以免费住宿为报酬，请有文化的小擦鞋匠弗斯蒂克做了自己的“家庭教师”。从此，他白天去街头擦皮鞋，晚上就在油灯下学文化，再也不去剧场和百老汇鬼混了。当一起流浪的小伙伴问他：“你怎么能学得进去呢？”他的回答是：“只要你想，你就会学！”经过刻苦的学习和不懈的努力，小迪克最后终于成了一个“有教养的年轻绅士”。

所以，人是最有潜力的，并且这种潜力是可以开发的。小迪克清楚自己没有优越的条件，只能依靠自己，因而最大限度地努力开发了自己。结果，他成功了。“只要你想，你就会学！”这句话，也可以看作是他与命运抗争，并最终取得成功的最重要的秘诀。

当然喽，成长离不开环境的影响，进步也离不开大人的帮助。在小迪克与命运的抗争中，他不仅依靠自己的努力，还虚心地接受了长辈的指点。

对小迪克影响最大的三个成年人，赠予迪克的不是金钱，而是尊重和激励，更是人生的启迪。

第一位是惠特先生，他告诉迪克：“任何劳动都是值得尊敬的。我的孩子，只要是诚实的职业，你就没有理由为它感到羞耻。”他还建议迪克养成“读书和学习的习惯”“不要乱花钱，尽量存些钱”。就是这些话，让小迪克找到了做人的尊严：虽然自己只是一个擦鞋匠，但也不应该有卑贱感。因为自己从事的，同样是一项神圣的事业，一项能够帮助别人的事业。人不怕穷，就怕没有志气。

第二位是格雷森先生，他给了小迪克第一次在社交场合露面的机会，让这个小流浪儿第一次有了“过体面生活”的真切感受，体验到了“成功的感觉”，成为小迪克与命运抗争道路上的第一个加油站。

第三位是落水儿童的父亲罗克韦尔先生，他的小儿子约翰尼不慎在渡船上掉入水中，是迪克勇敢地跳了下去，救起了这个孩子。罗克韦尔先生当时许诺说，谁能救起他的儿子就能得到一万美元。但是最后，他回报小迪克的却不是有数的一万美元，而是一份体面的工作——大公司会计室的工作。这是一份迪克梦寐以求的工作，一种新生活的开始。

这些成年人都对小迪克说过这样一句话："未来只能靠自己！"就这么一句简短的话，却是小迪克一生取之不尽的财富。

大音乐家贝多芬的故事，同学们也一定听说过，在不到 30 岁的时候，他的听力就渐渐衰退了。后来情况越来越糟，到最后竟发展成两耳失聪。对于一个音乐家，尤其是作曲家来说，失聪就如同飞机失去了双翼。可是，贝多芬没有屈服。他说："我要扼住命运的咽喉，绝不让命运压倒！"就是凭着这份对音乐的挚爱，对理想的追求，贝多芬硬是靠着把耳朵紧紧贴在琴板上，去感受琴键的颤动，最终艰难地完成了一部又一部不朽的旷世之作。

你们会觉得："人家是世界级的音乐大师，咱哪有资格和他比呀？乌龟撵兔子——不在一个档次啊！"其实音乐大师不也是从普通人成长起来的吗。只不过命运更多舛，意志更坚忍罢了。

我建议同学们读读小迪克，读读贝多芬，相信会从中找到人生的智慧，得到一种精神感悟，更会在自己面对生活、面对困难、面对世界的时候，充满自信地笑着说一声"我能行"。

知心对话

面对命运，你要相信自己。只要树立了人生的目标，你就有了希望。希望，它是所有成就的出发点，也是你走向财富的第一步。

面对命运，你要改变自己。只要有了坚实的行动，你就有了改变。改变，它是所有事物发展的根本，也是你走向成功的第一步。

改变命运，全靠自己。

chapter 6

我思考
改变头脑就改变了人生

面对选择——思考比盲从重要
人生第六课：我思考

张琳是个超棒的女孩，从小学到中学都很出色，在全国和上海数理化各项比赛中得过很多次奖。

她上高三的时候，可以保送上大学，北大、清华、复旦由她选，但出乎意料的是，她放弃了保送名额，报考了上海中医学院。

我虽然也很意外，但我相信张琳的选择。

四年后，我去上海开会，见到了张琳，听她讲述了其中的原因。

这时的张琳已不再是当年的“假小子”,长成了一个亭亭玉立的美少女。

“我想当个人文医生。”张琳直率地告诉我，“我记得和你说过我很想做‘知心姐姐’，我觉得社会很需要‘知心’。我发现，有心理疾病的人比有生理疾病的人多。可现在的医生心冷脸冷，很少和病人沟通，这样的结果是有心理障碍的人越来越多。所以,我有了当‘人文医生’的想法。我想，我已经具备数、理、化和外语的自学能力，可没学过中医，于是就选择了上海中医学院。”

张琳接着告诉我：“我大学毕业后，报考了上海中医学院硕士研究生，学伦理学，明年学院要派我去哈佛进修一年。硕士毕业后我想工作两年再读博士。读完博士，有了经验我要当个人文医生，将来有了钱，我要开个私人诊所，实现我的梦想。我希望知心姐姐也参加。”

“好！”听她这么一说，我非常高兴，“我们干同行了，只是你比我的专业知识多，我要拜你为师。”张琳笑了，笑得很甜：“您说哪去了，您才是我的老师，我一直很佩服您。”交往十多年，第一次听她称我“您”。

你看，在有名和有用中，张琳选择了有用。她没去追求虚名，而是按着自己的想法，选择了独立和务实。

我认识张琳时她还是上海的一名小学生，才 12 岁。我们《中国少年报》发起了城乡少年儿童之间的“手拉手”活动，带着京、津、沪、汉四个城市的小记者到湖北大别山区罗田县采访。从上海来了 3 个孩子：张琳、姜宇秋和陈中崛。第一眼见到张琳，就给我留下很深的印象。她穿了条花裤子，留了个男孩子的短发，但却温文尔雅；她性格开朗，无拘无束，却又善良正直。在采访团的 12 名小记者中，张琳最出色。罗田县是著名的革命老区，但因交通不便，至今仍然十分贫穷。

张琳在村子里看到一个小女孩，光着脚，头上却戴着一个漂亮的发卡，便问她发卡是哪儿来的。小女孩说她从画片上看到城里孩子都戴着漂亮的发卡，就很想要一个，但是家里没钱买。她便利用暑假的时间上山采药，拿到县里卖了 1 元 6 角钱，花了 6 角钱买了这个发卡，1 元钱买了个本子。张琳很受感动，悄悄对我说：“农村孩子真了不起！”

我带一名小记者住在一个叫张正的男孩家里。张正 11 岁，在乡小读书。我送他一张《中国少年报》。他又惊又喜，双手捧着报纸，用袖子当抹布，把桌子擦了好几遍，才把报纸平铺在桌上，一字一句地读起来，一直到深夜。第二天一大早，他又拿起报纸继续看。我叫他出去和小记者拍照，就在按下快门的一瞬间，我突然发现，张正的眼睛没有看镜头，一直盯着那张《中国少年报》。我很感动，忙问：“你见过报纸吗？”

“没有。这是我见到的第一张报纸。”张正小声回答。

“你有书吗？”张琳和小记者们围过来问张正。

“有两本。”张正打开书包，一本是语文，一本是数学。没有一本课外书。

这些从小生活在城市里的小记者们惊呆了。他们自己有多少书报，谁也数不清。张琳马上提出：回去把自己读过的书报寄些来，在张正家办个“小小图书馆”。小记者们全都赞成，这可算是全国最早的“手拉手书屋”了。

回到上海后，张琳、姜宇秋和陈中崛组成报告团，到一所所学校做报告，主题是：“想想大别山吧”。在报告会上，张琳对伙伴们讲：“大家想一想，在我们的抽屉里有多少个从没戴过的发卡，床底下堆着多少双已经不时髦但仍然很新的各式各样的鞋？书柜里有多少本买了还没看的新书？想想大别山吧！”

张琳是上海红领巾理事会的副主席，她通过红领巾理事会，在上海团市委的支持下，在全市发起了“一本书寄友情”活动，号召上海市的少先队员每人为贫困地区的小伙伴捐出一本书。结果短短三个月时间，上海市100万名少先队员就捐出了218万册书。

我还专程到上海采访，听到了很多感人的故事。贫困地区的小伙伴们收到这些书，激动坏了！一个农村小学的师生们，跑到黄土高坡上，手捧漂亮的课外书，朝上海方向高喊：“感谢上海的小朋友！”

上海少先队员的做法，推动了全国少年儿童的“手拉手”活动，“赠书交友”“读书交友”建“手拉手书屋”的活动在全国各地展开了，数以亿计的图书、报刊通过城市孩子的手，送到边远、贫穷的山村。

你看，在独享和分享中，张琳选择了分享。

暑假的时候，中国少年报社在深圳组织了“明天会更好”中国好少年夏令营，30多名中国好少年和全国“十佳”少先队员候选人参加，想借此考察一下“十佳”的实际能力。各地营员都是由老师或家长送到深圳的，只有张琳是自己一个人从上海乘火车到深圳。

我问她：“一个人坐火车害不害怕？”

张琳说：“不怕。依赖大人还是独立做事，我选择独立。独自做事的感觉真好。”张琳告诉我，10多岁时，她就拿着妈妈画的地图，跑遍了大上海。仅自然博物馆就去了三次，有一次，她还自己买车票带小记者去青浦灾区采访呢。

张琳作为第二届全国“十佳”少先队员，一个人来北京开会。一见面，她便笑着对我说：“没买到卧铺票，我跑到餐车上，和餐车长说明情况，餐车长让我在餐车里坐了一夜，这下可好了，读了一晚上英语，真过瘾！”

“你快成独立大队长了！”我笑着说。今天在父母呵护下长大的独生子女，多么需要张琳这种独立精神呀。你看，在依赖和独立中，张琳选择了独立。

“十佳”少先队员要在中南海礼堂做报告。我担任“十佳”队员报告的辅导员。“十佳”队员个个优秀，可大会时间有限，不可能每个人都发言，但这样难得的机会，谁也不愿意放弃，怎么办呢？私下里我和张琳商量，想听听她的意见。张琳坦率地说："我不讲了，把机会留给别人吧。"最后，我建议由张琳担任报告团的主持人，领导同意了。

张琳认真地作了准备，她用串词，把每个人都做了介绍。当介绍到南京市聋女周婷婷时，她让全场的听众用双手堵住耳朵，然后轻轻地说："请大家体验一下，假如你是聋人，生活在这样的世界，你的感受会怎样？而周婷婷从小就生活在这样的世界里。"

全场鸦雀无声，大家不仅被周婷婷感动，同时也被张琳的善解人意、坦然真诚深深感动了。你看，在荣耀与淡泊中，张琳选择了淡泊。

知心对话

人生有四大选择不可回避：择友、择校、择偶、择业，这些选择是否合适，将影响你的一生。

面对择友，"忠诚你的人才是最可靠的"，不论他是穷是富；面对择校，"适合你的学校才是最好的"，不论它著名不著名；面对择偶，"真心爱你懂你的人才是值得珍惜的"，不论他的职位是高还是低；面对择业，"你热爱的事业才是最重要的"，不论别人说好还是说坏。

面对机会——经历比名次重要

哈佛看中她什么

其实，机会是公平的，它会不偏不倚敲响每个人的房门。面对这种时刻，有的人早有准备，迅速、勇敢地冲出来。有的人或许躺在那里，对敲门声充耳不闻。还有一种人，明明已经听到了敲门声，却躲在那里瑟瑟发抖。原因只有一个——害怕！

19 岁的上海女孩汤玫捷，是第一种人，面对机会身手矫捷。她高中就读于上海的一所普通中学，却成为 2005 年国内唯一一个被美国哈佛大学提前录取的中国学生，更获得了哈佛校长提供的每学年 4.5 万美元的全额奖学金。

这个在中学 400 名学生中排名仅在百名左右的普通女生，究竟具有何种“魅力”，居然让世界名校为她敞开大门。哈佛究竟看中她什么？说真的，我也特别想知道答案。一个星期天，汤玫捷和北京电视台的编辑记者一起走进了我的办公室。我觉得眼前一亮：真漂亮！汤玫捷个子高挑，说话朴实。

“你就是 2005 年的‘哈佛女孩’？”我好奇地问。

“我叫汤玫捷。请别叫我‘哈佛女孩’，我不喜欢这个叫法。我是地地道道的中国制造——MADE IN CHINA！”汤玫捷说话干脆利索。

“哈佛究竟看中你什么呢？”我一上来就迫不及待地问。

汤玫捷笑了，“狡猾”地解释说，她的一个校友，专门去哈佛招生办打听了关于为什么录取自己的事。那里的老师讲了三点：第一点，汤玫捷这个人很严谨，有很好的学术背景，而且在许多比赛当中，获得了让哈佛认可的奖项。第二点，汤玫捷上高二时，曾作为上海唯一一名中学生赴美学习过一年，在这一年的经历中，汤玫捷给美国当地学校和所有与她交往过的同学家长都留下了非常好的印象。美国的历史老师更是在推荐信中夸奖说，“汤是一个热情、勇敢、自信、不太一样的中国学生……”第三点，进哈佛也要经过一系列考试，完成一系列申请材料，在这些方面，汤玫捷都做得很好，毫不逊色于其他的申请者。

其实，汤玫捷的“勇敢、自信”，正是来自她不一样的个人经历。

汤玫捷的父亲是一名中学教师，母亲是一名退休工人。夫妇俩对女儿唯一的要求是：“做到你自己最好的状态。”因此，他们从不把女儿按在题海之中，从不过分关注女儿的分数、排名，也从不认为女儿参加社会活动是在浪费时间。小学时，汤玫捷就以全票当选了中队长；初中时，她在上海市红领巾理事会担任小理事，还做过小记者、校刊主编，办过网站，写过指导小朋友上网的小手册……那些大大小小包括“上海市十佳少先队员”“上海市青少年溜溜球比赛第三名”等76个市级以上的奖项，都从另一个方面映衬出汤玫捷多彩的青春年华。对此，她深有感触地对我说：“在我成长的经历中，自己好像没参加过什么培训班。兴趣就是最好的老师。只要是我喜欢的，就一定会去做！”

“那么，你都喜欢什么？”我问她。

汤玫捷又笑了：“喜欢旅游啊。可我旅游有两个原则，一是不跟旅行团走；二是不要导游。跟着旅行团走的最大坏处就是，到一个景点拍一堆照片，然后赶鸭子似的轰你上车，急匆匆奔向下一个景点……这种方式我特不喜欢。所以，不管在美国还是在中国，我都是选择自助式旅游。”

“不要导游又是为什么呢？”我有些不明白。

“我看到的世界，不是一个导游能够用语言描述的，而是一个我自己用心感受到的世界。就说一些名胜古迹吧，人们首先就会想到很具体的标志性建筑，但实际上，那些东西离寻常百姓的生活实在是非常遥远。打个比方说，北京人不会天天去天安门吧，我在上海当然也不会每天爬一趟明珠塔……是这样吧？太不实际了，离人们的生活太远了。所以，我旅游的时候，从不以一个游客的心态去观看一个城市，而是融入其中，悄悄地关注人们是怎样在那里生活的。要想做到这一点，就不能只听别人的解说，还得靠自己走遍那些土地。而且我认为，在一个人的成长历程中，‘行万里路，读万卷书’，还应该再加上一条，‘和万人交流’，这才是完美的学习。”

“看来，你比较看重的是经历，是自己的所见所闻、所思所想。这一点我很赞同。”我高兴地说，“在我们周围，有些人外出旅游就是遵循‘上车就睡觉，下车就尿尿，到处去拍照’的死模式，结果只能是‘回家啥也不知道’。这正是因为他们没有用心去体验，身在心没在。”

“太对了！”汤玫捷提高嗓门说，“依我看，这个道理跟素质培养其实差不多。比方说上美术班，你一进去，指导老师就像导游一样，告诉你这个世界是怎样的，这一笔应该怎样画，那一笔应该涂成什么颜色……可我认为，真正的美术学习不是这样的一个过程，而应该是一个人在成长过程中，出于对美的热爱，对美的追求，用自己的心去操纵手中的画笔，自己走进美术这个门。”

汤玫捷说得很对，报兴趣班、参加各种比赛……其实只是一种经历。只要是自己愿意做的，就只管去做好了。有没有名次真的并不重要，重要的是，自己有没有感受。

聊到开心的时候，汤玫捷还忍不住告诉我，就在升高二的那年夏天，她和一个好朋友计划独自去安徽自助旅游。由于知道父母肯定不会支持，于是她俩就隐瞒了真相，把这趟出游说成是一次夏令营活动。结果没等回来事情就彻底穿帮了，她还被爸妈责罚一个多月不准出门。对此，汤玫捷却毫不后悔：“我觉得这是一个选择问题。与其说要帮助一个人提高素质，达到未来的某种成功，倒不如让他从小就学会选择。”

汤玫捷和同学的这次私自出游虽然受了罚，却也证明了她很有能力。她的爸爸妈妈发现，孩子离开大人半个多月，没缺胳膊没少腿，就连旅行袋和行李也都完好无损地带回来了，不但先前自己担心的“钱被抢了”“包搞丢了”之类的事根本没有发生，而且看到女儿这一路上玩得特别开心，还体会到了很多东西，以后也就不再过多地干涉她了。后来，女儿远赴美国进行一年的学习交流，父母几乎就没担心过，始终坚信自己的孩子一定能行。

“说真的，假如没有这么一段经历，我的父母肯定会说：美国太危险了！”对这一点，汤玫捷显得很自豪。

的确，美国学校之所以最终确定了她，重要的一点就是，她的人际交往能力特别强。而汤玫捷也是抱定了“和万人交流”的信念去美国的。

美国希德威尔私立中学是华盛顿地区一所著名的中学，聚集着上流社会的子弟，克林顿总统的女儿就曾经在这所学校读过书。学校每年都会招收两名中国留学生。可是长期以来，中国学生却给美国孩子留下了这样一种印象：不爱说、不爱笑、更不爱户外运动，整天就知道埋头傻学，学得像木头桩子一样。数学成绩好有什么了不起？物理课上有出色表现又能怎么样？要是有种的话，就跟我们去体育场，和我们比试比试。

所以，希德威尔中学校长到上海复旦附中挑选交流学生时就提出要求：最起码来交流的这个孩子得能说话。千万不要来了又不说话，待上一年就走。既然是交流嘛，美国人希望的是，你能满足他们对中国的好奇，给他们带去自己国家的不同文化。汤玫捷在美国学习了 9 个月后，彻底扭转了全校师生和当地居民对中国孩子的印象。

到美国后，汤玫捷就读于 11 年级。但是，她所选修的课程却跨遍了所有年级，有些甚至还是大学里的内容。在国内，她的英语还算不错。可是到了美国，立刻就显出差距了。不过，这可难不住自信的汤玫捷，聪明的她很快就找到了提升英语水平的方法。在她寄宿的美国家庭中，女主人是个学历史的自由撰稿人。虽然每天忙忙碌碌，但有遛狗的习惯。所以每到那时，汤玫捷就会放下手中的事，风雨无阻地陪着这位“临时妈妈”每天遛狗一个半小时，还陪着她养鱼、喂猫……你可千万别小看每天的这一个半小时，“收获也许是在‘新东方’里待几周都不能达到的”。汤玫捷这样说。

汤玫捷与“临时妈妈”的谈话内容，论远纵横 200 年的美国历史，论近则囊括当下的所有新闻。她还天天坚持翻阅英文报纸，对某一则消息有了自己的想法后，找机会就要和“临时妈妈”议一议。就这样，只用了小半年的时间，她就出色地过了语言关，发音、语调，听起来都相当的“美国化”了。正如希德威尔中学希望的那样，汤玫捷不但爱说、爱笑、爱交流，而且在运动场上也时常可以看见她的身影。

“打篮球我会抢着第一个运球上篮，冲浪时我也是第一个踏上冲浪板。我并不知道冲浪有很多危险，甚至我还不会游泳。但是，如果我想做一件事，就会对事情的结果有个大致估计，然后便坚决去做。曾经有人说，我被哈佛录取有着这样那样的原因。其实要我说，倒不如说哈佛觉得这个孩子有一种强烈的好奇心，对新鲜事物感兴趣，而且上手快，掌握得也快，体现了一种勇敢和自信，以及百分之百的投入热情。哈哈，我是不是有点‘老王卖瓜’啊？”

人们常说：“见多识广。”美国作家威廉·福克纳也说过：“不要竭尽全力和你的同僚竞争；你应该在乎的是，你要比现在的自己强。”

对于汤玫捷，与其说机会等她，不如说她找机会，积极的人生，开阔了她的眼界，使她没等走出校门，就已经融入了社会。

知心对话

面对机会，你要勇敢，要敢于经历。

面对机会，你要大度，不要太在意名分。

输也罢，赢也罢，都只是人生的一种经历，是一笔花钱买不来的财富。世界上有什么能比这样的财富更珍贵呢。

正确的做法就是：敢于经历，把握自信，努力做到这次要比上次更好！

面对攀比——人品比物品重要

人和人比什么

一位“抓狂”老爸给“知心姐姐”打来电话，诉说了他的烦恼：

我每天开车去学校门口接送儿子。以前，放学铃声一响，儿子很快就能和伙伴们一起冲出来，有时还会吆五喝六地“点”上几个小家伙，一同“塞”进车厢。可是现在，我经常要等得眼睛都快变蓝了，全校人也差不多走光了，儿子才不紧不慢地一个人溜达出来。我问他，哪知这臭小子竟说：“老爸，以后别把咱家‘拓拓’车停在校门口了。那边有条没人的巷子，您就停那儿吧。我保证，一放学立马就‘奔’过去。为什么？咱真丢不起那个人哪！您是不知道，我们班上有个同学，平时不咋地，成天臊眉耷拉眼的。可这段时间真‘捡到宝’了，甭提多‘拽’了，打‘嘴仗’谁都干不过他。没办法啊，谁让他爸开的是宝马呢。车牌号还挂了N个8！再掰手指头数数，我们同学家里有的是帕萨特，有的是本田，各个风光着呢。再不济有辆普桑（普通桑塔纳），也勉强说得过去。可瞅瞅咱家的小奥拓，让我在同学面前一点脾气也没有，特‘跌份儿’！”

好家伙，我还没嫌弃他学习不好呢，他倒先埋怨起我了。知心姐姐您说，照这样发展下去，成天比吃、比喝、比排场，就是不比学习成绩，可怎么了得啊？我是不是该“修理”他一顿才好？

这位爱攀比的儿子，确实把他的老爸气得够呛，也伤得够呛。

的确，像这种盲目的攀比之风，目前在中小学生当中非常盛行。我也问过许多同学，班上同学之间都在比什么呀？回答真是五花八门，概括起来主要有五大“狂比”。

第一是“狂比”穿的。套用一句老话“脚上没鞋穷半截儿”，所以看人先看脚，看谁脚上的鞋牌子硬，用鞋来证明自己有身份。有个男生告诉我：“我们选鞋的标准主要是看广告，NBA 明星科比、奥尼尔、姚明穿的都是名牌，他们穿什么，我们就买什么。一双鞋花上八九百块，甚至一千多块，‘飙鞋’的时候，才不‘跌份儿’！”一位女生对“飙鞋”也特有看法：“在我们班上出现了一种特别奇怪的现象，你跟别人说话，他会说，等你穿上‘阿迪达斯’才配跟我说话。有一次，坐在我旁边的一个男生故意踩我的新鞋，我让他别踩，可他居然说，‘阿迪达斯’踩‘安踏’是理所应当的。您说，他是不是特欠抽啊。”

第二是“狂比”用的。谁用的东西最时尚，谁就最能代表潮流，在班里也就最有“地位”。一般来说，手机“拼”得最凶，看谁的价钱最贵、功能最全、内存最大。而且，什么都得比一比，比谁家的电脑高级、比谁家的汽车豪华……

第三是“狂比”吃的。12 岁的园园过生日，妈妈就和她商量，不如请几位好朋友在家吃顿饭祝贺一下。可园园却不同意，还说：“那天同学过生日，请我们到大饭店‘暴撮’一顿，花了两千多块。可您却让我在家里请客，又寒碜又小气，我才不丢人现眼呢。”于是妈妈苦口婆心地说：“各家的条件不一样，礼轻情义重嘛。”园园听了嘴一撇：“您也太老土了！现在流行什么您都知道吗？钱本身并不重要，要舍得花钱才是硬道理。今儿多花点钱摆上几桌，立马挣足了面子。以后大不了吃一个月的方便面，反正同学们又不会知道。”

第四是“狂比”花的。就是比谁家阔气，好像家里钱越多自己就越值钱。上数学课，老师教千位数，请同学们在日常生活中找找实际的千位数。一位女生刚说家里的洗衣机价值 1000 元，马上就被一位男生“压”了回去：“我们家那台 4000 多呢！”其他同学也抢着说：“我们家的电脑花了 6000 块……”“那叫什么破电脑？我们家的是品牌机，一万多块呢！”“我们家的背投电视也是一万多！”“一万块也叫钱？我们家的宝来汽车就值 20 多万！”“牛什么牛？说出来吓死你！我们家别墅……”

第五是“狂比”谁家父母的“官儿”大。在有些孩子眼里，父母的职业、职位成了为自己树立威信的“资本”。一个一年级的小男生曾经亲口对我炫耀：“那天，班上一个同学和我闹别扭，居然敢对我说：‘我爸是警察！你要再惹我的话，我就让他来抓你。’我就马上告诉他：‘我爸是公安局长，专管你爸。借他个胆儿，你爸也不敢来抓我。’您猜怎么着，那小子再也不敢‘乍刺儿’了。”

在北京电视台《知心家庭 · 谁在说》节目的录制现场，一位军人观众说：“今天我是和儿子一起来录节目的。来的时候，儿子硬是让我换上军装。我问他为什么？他说，让您换您就换吧，就冲您肩上那么多的杠杠、星星，上镜头特有面子。”

你们身边是不是也有这五大“狂比”，我当然不希望你们是这“狂比”风潮中的一分子。因为“狂比”于人于己，危害无穷，我曾经和许多同学、家长、老师讨论过这个问题，最后一致认为，它具有五大“公害”。

一害自己，比来比去，比没了自己。追求生活的高质量并没有错，但是，假如你们把名牌衣物看得比自身还重要，就会迷失自我。

我的一位朋友，应邀参加了某个电视明星与钻石大王的婚礼。婚礼一结束她就跑来告诉我，新娘戴的那颗大钻石漂亮极了，吸引了所有人的眼球。我问她：“那新娘子漂亮吗？”她想了半天才说：“真不好意思，我没注意看，当时光顾着看那颗大钻了。”这位明星难道不悲哀吗？由于钻石的昂贵，使自身耀眼的光彩黯然失色。当一个人过多注重身外之物是否名贵时，往往就会丢掉自身的价值。

二害家人，比来比去，比没了亲情。本来你们有一个幸福美满的家庭，或许由于虚荣心作怪，和别人攀比，扮“酷”要“派”，使原本收入并不高的家庭陷入拮据，加重父母负担，扰乱正常生活，使家人失去往日的温馨。

三害同学，比来比去，比没了朋友。朋友之间的关系是用友谊联结的，真诚的友谊是无价的。加入了“金钱”成分，友谊就会变质，交友更会变为交易。用金钱收买的朋友，永远不是真正的朋友。因为他们喜欢的是你的钱，而不是你这个人!

四害学习，比来比去，比没了志气。有个男生考试不及格，就花了500元请客。饭桌上，同学们嘴上不说，但心里压根就瞧不起他。可他依然误认为有钱就有了地位，整天无心学习，就想着怎么弄钱，结果荒废了学业，最终一事无成。

五害前途，比来比去，比没了幸福。人人都希望获得幸福，可幸福并不是金钱和地位，而是一种内心的感觉，一种经过努力奋斗获得快乐的享受。当你们用父母的钱来满足自己的虚荣心时，得到的只能是一点点“自私而可怜”的快乐，那绝不是真正的幸福。

其实，人和人每天都处在比较之中。关键是看你们比什么，怎么比。如果是比学习、比能力，我不但不反对，还要高举双手赞成哩。可是，如果你们是像上面所说的那样盲目“狂比”，那么，我就得提出四条忠告了。

一、人品比物品重要。

用名牌装饰自己，不如用知识来充实自己，用智慧来丰富自己。只有你自己瞧得起自己，别人才会瞧得起你。只有你抬起头，挺起胸，堂堂正正做人做事，别人才不敢小看你。消费，永远不能建立在“让别人瞧得起”的基础上。

二、身内比身外重要。

首先，我要给你们讲一个小故事。

一位非常有钱的父亲带着全家来到乡下。他很想让小儿子看看穷人过得多么可怜，于是，就特意选了一个最穷的家庭，在那儿住了一天一夜。回城后，父亲问儿子：“这次旅行感觉怎么样？”“非常好！”“那你现在该知道穷人的生活是什么样了吧？”父亲又问。“是的。”“哦，说说看，你都看见什么了？”“我看到我们家只有一条狗，而他们家却有四条；我们家花园中央只有一个游泳池，而他们家却有一条没有尽头的小溪；我们家花园里有许多照明的路灯，而他们家却拥有满天的繁星；我们家的院子虽然很大，而他们家的院子却一直延伸到地平线上。”

儿子说完后，父亲变得沉默无语。最后，儿子又补充说道：“谢谢您，爸爸，您让我明白了我们是多么贫穷。”

这个故事恰恰告诉我们：贫穷与富有的差异并不在于那些身外之物，而是取决于自己的内心。拥有美好的心灵，才能看到美好的世界。正像古希腊人所说：“如果你顺其自然地生活，你就决不会贫穷；如果别人怎么说你怎么做，那你就永远不会变富。”

三、亲情比金钱重要。

世间最珍贵的是亲情，是父母与儿女的骨肉之情。家境贫寒的卢素玉考上重点高中时，母亲体弱多病，父亲也已经60多岁了，下岗后在街边摆了个修鞋摊。素玉从来不把同学们带回家中，因为父亲很显老，以至于有的同学会傻乎乎地叫声“爷爷”。她也从不在同学们面前提起父亲的职业。

高二那年，素玉被评为区优秀学生代表，到市里参加表彰大会。散会后，她和几个同学走在路上，恰巧经过父亲的修鞋摊。素玉忽然发现，老父亲的头上多了许多白发，便忍不住轻轻地叫了一声“爸……”父亲抬起头，惊讶地望着女儿，随后很快地朝她摆了摆手。“这是你爸？”一个同学吃惊地叫道。素玉点点头，脸上不由得有些发烫。

那天晚上，父亲回家时心情特别好，还破天荒地喝了点酒……后来，母亲告诉素玉，父亲那天真的很自豪、很高兴，因为闺女居然当着一大群市里最优秀的孩子的面，叫了自己一声“爸”。就是这种流淌在血液里的骨肉亲情，永远是生命中最温暖的成分。做儿女的只有丢掉虚荣，才能享受到这份亲情的温暖。

四、创造比享受重要。

享受自己用劳动创造的价值，要比享受父母或别人的劳动成果快乐得多、幸福得多。一次，有个同学对我说，他参加赛跑得了倒数第二名，就怪爸爸没给他买双耐克鞋。我马上说道："不对！把新鞋踩在脚下和放在眼前去争取时，那种动力是不一样的。"

接着，我又给他讲了一部外国影片《天堂的孩子》：一个贫穷的家庭有一双儿女。小兄妹俩只有一双球鞋，只好轮换着穿。每天哥哥一放学，就得拼命往回跑，跑到家附近的路边把鞋脱给妹妹。跑来跑去，他居然练就了一双飞毛腿。可是有一天，就在他俩换鞋的时候，小球鞋掉进水沟里漂走了……后来，学校贴出公告，区里举行赛跑，第三名可以得到一双新球鞋。哥哥一心想给妹妹挣到那双新鞋，于是也报名参赛了。经过全力拼搏，他居然得了第一名。但是，他得到的奖品却不是那双新鞋。哥哥伤心地哭了……

这部电影真的很感人，每当想起小哥哥伤心的眼泪时，我就会想：穿上一双鞋去跑步，和为了得到一双鞋去跑步，那劲头真是不一样啊。

你们知道吗？目前，全世界都在关注孩子们的健康成长，制止校园攀比风气的做法也有不少。比如说，德国教育部门就在重新考虑采用统一校服的制度，来制止越来越多的校园名牌追捧者；新加坡的学校明确规定中学生不准穿戴名牌；日本不准中学生烫发；就连英国贵族学校的皇室子弟，参加社会实践时，也必须与平民家的孩子同甘共苦。

在我国，北京市教委颁布的《中小学生守则》中，更是首次将"生活不攀比"作为重要的一条单独列了出来。

这一切做法只是为了表明，社会将不再把财富留给你们，而是要把你们变成财富。未来就掌握在你们自己手里。

比！当然要比。"是骡子是马，拉出来遛遛。"看谁的目光最远大，看谁的脚步最坚定，看谁为自己的将来准备得最充分。

知心对话

面对攀比，好好想一想，人和人到底应该比什么？

“不比穿戴比学习，不比文具比志气，不比吃喝比成绩，不比家庭比能力。”这是沈阳市下岗职工子女的铮铮誓言，相信对你对我都是一种鼓励。

面对追星——清醒比狂热重要

Fans 在追什么

“明星”，是人们崇拜和追逐的偶像，一代人有一代人的偶像，一代人有一代人的英雄。比如：保尔——《钢铁是怎样炼成的》主人公，是从五六十年代走过来的人心中的英雄；舍己救人的小英雄戴碧荣、草原英雄小姐妹龙梅和玉英，就是你爸爸妈妈小时候崇拜的偶像；《中国少年报》上的“知心姐姐”，也曾是我小时候追逐的明星……每个人在少年时代都有自己崇拜的“星”。所以，我特别能理解今天孩子们的偶像崇拜。虽然崇拜的对象与父辈不同，但性质是一样的，都是少年对未来的一种向往，一种精神的飞翔。那一个个曾经在生活中存在过的偶像，注定会成为我们记忆中一道又一道风景，成为我们回忆往事的一段背景音乐。那上面有我们的欢歌笑语，以及我们成长的记录。

但追星是要花费精力的，也需要大量的感情投入。因此，当我们热衷“追星”的时候，就不能不冷静地思考：我是谁的 Fans？究竟我为什么要追这颗星？我该怎样追才有利于自己的成长？我是不是值得为一颗星而错过了满天星斗？

很多同学喜欢周杰伦，某中学牟老师采访了本校 JAY 的忠实的 Fans：“为什么你们都喜欢周杰伦呢？”

“因为他的歌曲好听，很有动感，人又长得帅，很另类，又会作词和作曲。”

“因为他酷，有魅力，歌好听，给人一种朦胧的感觉，爽！”

“因为他的歌有个性，很投入，在音乐中那种张扬的个性，我喜欢。”

除周杰伦外，当然还有其他一些明星，例如：林俊杰、孙燕姿、鹿晗……不难看出，同学们喜欢明星、崇拜明星的原因无非是这么几个，男的长得帅，女的长得靓，歌曲唱出黯淡或明媚的故事，有的顽皮，有的深情，有的神奇。有个性，很另类……

我觉得，中学生正处在青春发育期，充满了活力，所以以充满青春与活力的影视明星为自己的偶像无可厚非。但是，追星要是失去了自我就不划算了，如果达到狂热甚至走火入魔就更错误了。

6 月 21 日，大连一名 16 岁少女在家中自杀，起因是母亲说张国荣“变态”，并且没有给她买张国荣的 CD。这名少女生前曾是父母和老师的骄傲，不但学习成绩优秀，还能讲一口流利的英语，擅长演讲，喜欢弹奏电子琴。

面对女儿灿烂如花的照片，妈妈满脸泪水，她哭诉：我对她这么好，她为什么会为张国荣去死？

“6 月 21 日中午，我带孩子去超市。在音像专柜前，孩子看到张国荣的 CD 碟非要买。我想她马上要考试了，就没买，她非常生气。回家后拿了钥匙，说去姥姥家，摔门就走了。不久姥爷打电话告诉我孩子在暖气管上吊死了，我都傻了，到现在我都接受不了。”

“孩子高兴时就放张国荣的 VCD 让我看，没想到她陷得那么深。最近要我给她买白衣服穿，不断换头型，我现在才明白原来都是在学张国荣。”

“她日记里说 10 年后要到香港找张国荣的墓碑，去看他。笔记本上写满了张国荣的名字。”

“眼看还有四年孩子就上大学了，她却突然离我们而去。我多希望这样的悲剧不要在别的家庭重演。”

我真想问问同学们：为一个明星去死，值得吗？夜晚，抬头仰望灿烂的星空，你会发现有很多星星在闪烁，你怎么能让一颗星遮住你明亮的双眼呢？又怎能因一颗星的陨落而毁灭了自己。面对追星，请记住：清醒永远比狂热重要。仔细想想，跟在明星后边追半天，你自己还是你自己，人本来就是一个独立的个体，只能成为最好的自己，而不能成为别人的第二。"追星"先要看懂"星"的精神实质。你可以为你所爱的明星鼓掌喝彩，分享人家的成功，但这种成功永远都不是你的，成功要靠自己。挖掘你的潜能，发挥你的特长。

中央电视台2005年春节联欢晚会上，出现了令所有人屏息凝视的一幕——敦煌彩塑中的千手观音。人们牢牢记住了21个创造惊人之美的聋哑演员，尤其是秀美沉静的第一尊观音——邰丽华。

邰丽华出生在湖北宜昌，两岁时因高烧而聋哑。7岁那年，邰丽华走进了聋哑学校。在那里，一堂律动课改变了她的一生。那天，老师踏响了木板上的象脚鼓，把震动传给站在地板上的学生，让他们知道什么是节奏。邰丽华全身匍匐在地板上，她指着自己的胸口"告诉"老师："我喜欢！"邰丽华突然发现，有一种语言是属于她的，那就是节奏。

15岁时，邰丽华正式学习舞蹈，对一个专业演员来说，这个年纪算大了，由于骨骼韧带已经成型，每一次劈叉、抬腿都要付出痛苦和艰辛。然而对舞蹈的热爱和痴迷支撑着她。邰丽华十分崇拜舞蹈家杨丽萍并酷爱她跳的《雀之灵》。

完整地跳完《雀之灵》一共需要8分钟，分解动作的话，一共是1000多个8拍动作。开始时，邰丽华根据老师的拍子跳，第一个8拍是这样的动作，下一个8拍又是另外的动作。她觉得很累，甚至有些绝望，那么多8拍，怎么记得住呢？于是她改变方法，把不同的动作归到不同序列的8拍，先记前10个、再记10个、又记10个……

舞蹈中高难度的旋转动作，她要重复上千次，有时累得昏倒在地上。记不清多少个日子，她就像一只圣洁而柔弱的孔雀，在那里不停地旋转、旋转……不敢有丝毫的松懈，她在心里对自己大喊：你要争气！

一天，她练舞的情形被著名编导张继钢先生看见了，非常感动，便打电话给著名舞蹈家杨丽萍，说有一个聋哑姑娘，特别喜欢她的孔雀舞，请她看一看。杨丽萍当时说："看看可以，但我不会教的。"来到艺术团，邰丽华给杨丽萍跳了一遍《雀之灵》。杨丽萍惊讶地说："假如把我的耳朵捂住，我无法想象自己能够完成《雀之灵》。"杨丽萍当即脱掉鞋子，全身心地指点邰丽华跳《雀之灵》的每一个动作。

执著加上天赋，使邰丽华很快脱颖而出。她经常随中国残疾人艺术团出国演出，并多次获奖。她和伙伴合作的《千手观音》在雅典残奥会上震惊了世界，随后又来到了春节联欢晚会的舞台上。

一个舞蹈演员的艺术生命是有限的，邰丽华说，自己已经28岁了，如果身体允许，她就再跳几年，如果身体不允许，她就把自己所有的东西都毫无保留地教授给那些和她一样的聋孩子。对邰丽华来说，人生就是一段跳不完的舞，不懈的努力就是一个个跳动的音符。

同样是靓女，同样在追星，为什么追逐张国荣的女孩变成了冤魂，而崇拜杨丽萍的女孩却成为舞台上耀眼的明星？

我看有两个不一样：一是追星的目的不一样。前者是痴迷，并因此盲目地迷失自我。后者也是痴迷，却清醒地成就自我。二是追求的内容不一样。前者追求发型、衣着、星座，而忘记了根本——明星的成功之道，后者追求品德、艺术、成就，最终业精于求，学艺到手。

知心对话

面对追星的潮流，你的头脑一定要清醒，不要盲目地随波逐流。"走对路才能有出路"。请记住三个"尊"：尊重你自己，追星别丢了自己；尊重别人，别去干让明星难堪的事；保持尊严，对自己的行为负责。

我期盼在那璀璨的星空中，你是一颗同样明亮、能给世界带来光明的星。

面对手机——自律比自由重要

手机的利与弊

你有手机吗？你会科学地使用手机吗？你的学校有没有限制学生上学带手机？带手机上学有什么利弊？亮出你的观点吧。

“知心姐姐”在“中少在线”网站的“知心论坛”上发出帖子，立刻得到热烈的反响。

“知心姐姐”：“你们学校使用手机的人多吗？”

樱桃小丸子：我们学校六年级的同学几乎都带手机，特别是女生。

凌波丽：现在很多初中生用手机发短信，我们学校就好多。

甜妖天：我们学校大多数同学离家较远，带手机可以方便联系，几乎人人都有手机。

“知心姐姐”：“带手机做什么用？”回帖七嘴八舌。

单纯 @ 开始：考试时字不会写可以用手机查出来。

坏丫头：父母有什么紧急的事情要找你，有了手机就方便多了。

白日梦：上课无聊可以打游戏。

Q 阳光 starQ：无聊时可以打电话、发短信。

漂亮的美眉：如果有什么当面不好跟他说的话，发个信息不就 OK 了吗！

“知心姐姐”接着问：“带手机上学的心态是什么？”

Holmes：好时尚哦……

琳惠：带手机上学好酷的！

清爽绿茶：因为手机（通话）比较方便，而且给朋友发短信会让别人很羡慕、很嫉妒，显得比较有个性。

Rain：我有手机，经常带，我觉得没什么，反正拿手机也不是做什么不正经的事。

龙神战甲：带手机无非是为了炫一炫，有本事带个笔记本电脑啊！

接下来的讨论集中在用手机的利和弊上。

小文：我认为带手机上学不好。第一，上课不能集中精神。第二，别的同学看到了会仿效，使校园没有宁静的环境。第三，或许会收到一些不健康信息。

VICTORIA：有些同学离家远，有时学校有些特别的事耽误了时间，有手机就可以方便与家人联系，不让他们担心。经常带着钱或电话卡容易丢，很不方便。考试作弊和同学之间攀比，这是我觉得带手机不好的地方。

荷叶@全新自我：手机有辐射，会影响身体健康。

紫衣仙女：对我而言，身为一个小学六年级的学生，并没有必要带手机上学，因为它会让你迷恋游戏，直到厌学为止。

蟋蟀：我认为带手机好。当我们在学校肚子痛或发生什么意外时，可以及时告诉家长。

糖葫芦：带手机不好！第一，会使同学产生攀比心理。第二，会影响课堂教学。第三，容易被偷。第四，使贫困生产生自卑心理。

你会后悔：如果上课的时候手机铃声频频响起的话，会影响上课秩序，即使不响，你的精力也不会集中。

调皮捣蛋：人和手机在一起也会有感情的嘛！上次我的手机被偷了，所以我很伤心，你知道吗，伤心对人的身体是很不好的，会少活10年。这就是带手机的弊。瞧，多精彩的评论，淋漓尽致啊，连我自己都陶醉了，还不来点掌声，谢谢！

加冰的：影响学习——我是深有体会啊。

最有趣的是带手机上学的悲喜剧。

秋风水晶：考试带手机被老师发现，受到了严厉的批评。

樱雨雪薰：我们学校不准带，带了，被老师知道，要写检讨书。

鱼香肉丝：谁会笨到上课打手机，不被老师的口水喷死才怪！

清风男：我手机一次上课未关机，突然响了，老师怒视我（铃声是我自己录的，铃声是：下课万岁下课万岁），叫我起立，晒了我一节课……上课一定要关机。

讨论到现在，手机是利大还是弊大，答案不一。但有网友提出，手机本身的利弊可以由我们自己把握。

怕怕：其实带手机到学校，上课可以关机，考试可以不作弊，根本问题是你有没有自制力。

樱落封印：有同学上课不自觉，用短信代替说话，不能把注意力集中在学习上。手机属于贵重物品，老师没收了又要很快还给同学，部分同学因此影响了成绩。

樱桃：带不带手机上学，主要看个人的自制力，自制力强的人可以带，否则最好不要带。

面对手机，你看网友们讨论得多热烈、多认真，这非常好。现代社会新鲜事物层出不穷，你们能与时俱进，正说明你们有强烈好学的精神。

看了上面的激烈的论争，你也应该意识到了，工具本应为人服务，人不能过于依附它。

一个新产品诞生的时候，人们在尽情享受它的好处时，往往会忽视它给人们带来的害处。而这种伤害常常要几年甚至十几年后才能反映出来。

你听说过“四环素牙”吗？六七十年代，这种口服抗菌药风靡一时，孩子感冒、发烧或局部感染，基本都用四环素。有的孩子经常用、反复用，成年后，就形成了很难看的“四环素牙”。

尽管手机辐射对人体健康的危害程度目前还没有严格的定论，但越来越多的专家指出，手机辐射会对人体健康产生不利影响，特别是孩子。

我尝试着总结了一下手机使用不当导致的七大伤害。

一伤脑：手机辐射会伤害大脑。手机的设计原理是将声音转化为电磁波发射出去，所以手机无疑是有电磁辐射的。其实很多电器都有这类辐射，但手机的电磁辐射比较严重。因为电磁辐射程度取决于距离，相距1厘米和10厘米差别就非常大，而拨打和接听手机的时候，手机离人脑和耳朵的距离很近。

英国《泰晤士报》有文章指出，儿童使用手机吸收的辐射量比成年人多50%。手机辐射量的50%会渗入5岁孩子的脑部，10岁孩子的渗入率降为30%，而成人只涉及耳周围的一小部分区域。因为孩子的耳及头骨较细、较薄，因此对辐射吸收率也较大。专家建议，16岁以下的孩子应在必要时才用手机打电话，并且时间要尽可能短。

二伤心：手机胸前挂对心脏不利。轻巧的手机，美丽的饰物，再配上一个精美手机套挂在胸前，很多女生都喜欢这样。

但专家认为，手机挂在胸口，位置靠近心脏，对心脏会有一定影响，并会影响女孩的内分泌。所以如果不用手机的时候，最好关机，放在包里，或是口袋里，一定不要放在胸前。

三伤耳：手机游戏可导致儿童耳聋。不久前，德国科学家警告说："手机游戏可以使儿童耳聋。当把手机放在耳边时，有些游戏声音比站在喷气式飞机发动机旁边的声音还要大。"

德国蒂宾根大学教授说："儿童玩手机游戏危险特别大，85 分贝的噪声就有损害听力的危险。"

四伤手：频繁发送手机短信对手指健康有危害，这是美国一家身体健康中心的研究结果。该中心的主任说："用手机发送短信时必须频繁使用单个手指或是两个大拇指，非常容易变得红肿或是发炎。"这和过度使用鼠标带来的手部疾病有些类似。

五伤学：手机带进课堂会影响学习。校园和课堂频频响起手机铃声，严重扰乱课堂纪律。因此，手机在学校里越来越不受欢迎。日本的初中生就严禁带手机。因为初中生上课频发短信，造成课堂秩序混乱。还有学生用手机短信在考试时作弊，非常不利于学生品德的塑造。

六伤身：利用手机伤害青少年的事件屡有发生。日本的青少年犯罪很大一部分都是利用手机，手机往往是进行盗窃和暴力活动的联络工具。一个 16 岁的日本高中女生，发短信说："想认识文艺界名人。"结果一条回信就把这个女生骗了，她被领到酒店遭到强暴。

七伤财：过度使用手机，花费很大。中小学生手机费大部分是由父母支付的，一位学生的母亲告诉我，她的女儿一个月的手机费高达几百元。

除此之外，手机还常常打断你的思维，缩小思维空间。有人称现代青少年是"拇指一代"，十几岁的孩子编完短信，用拇指传发。日本一位大学教授悲叹道，拇指文化的发达，造成大脑的萎缩。

有个女孩向我诉苦：我妈给我买了一个手机，粉红色的，我高兴了没两天就郁闷了，我妈天天用手机呼我："干吗呢？""没干吗！""没干吗干吗哪！"我正写作业呢，手机响了；我正和同学谈天呢，手机又响，你说我烦不烦，我觉得自己没了自由，没了空间。

手机的确能带给你带来便利，但是没有自制力，过分依靠它，人们就成了工具的奴隶，你看是不是这样一个道理？

自由从自律开始，让手机带给你快乐。

知心对话

面对手机，你要学会保护自己，过度频繁地接听手机，会伤害你的身体。轻易相信手机短信中的中奖信息，会上当受骗。

只有科学地使用手机，真正成为手机的主人，才能让手机为你服务，而不是你为它服务。

面对网络——冷静比沉迷重要

用网不恋网

有一次我去浙江绍兴开会，一群小记者来采访我。我们几个大人和一个三年级的小女孩谈起网络，她滔滔不绝，讲得头头是道。我听了目瞪口呆，情不自禁地夸奖她："你可真够棒的，怎么什么都会？你说的这些我可不会。"

小女孩满不在乎地说："这有什么！告诉你吧，我们中最笨的人都会。"

我们几个"最笨"的大人，互相看看，忍不住大笑起来。

我从心里佩服这些"网络高手"，我看过中小学生做的网页，相当精彩。

参加中小学生网上论坛，水平很高。

网络作为新事物，首先被最敏感、最时尚的中小学生接纳。他们崇尚它、熟悉它、掌握它，表现出一种趋新的天性，一种可贵的探究精神。同时，当互联网伴随这一代少年青春的脚步走进千家万户时，也带来了成长中新的问题，新的困惑，新的矛盾。特别值得思考的有三点。

一是，你上网做什么？是获取知识还是单纯娱乐？上海市少工委办公室和上海社会科学院青少年研究所曾联合开展了“未成年人的媒体需求调查”，结果表明，未成年人用电脑主要为了娱乐。最常用的电脑功能前6位是：打游戏（33.21%）、下载和播放音乐（16.06%）、搜索引擎查找（14.81%）、聊天交友（12.72%）、看影视作品（7.3%）、浏览网络新闻（5.58%）。可见电脑对于未成年人主要是一个娱乐工具。

其实，电脑并非只是一个玩具。电脑更多的是，可以让你接触到世界文化，了解最新信息，学到现代的发散性思维方法，使你的认识大大超越你眼界的局限。

二是，你怎样面对网络？你是它的主人还是它的猎物？天津市实验中学曾对2452名学生进行了调查，结果表明：互联网既有利于中学生现代思维的形成，也会造成人生观、价值观的冲突与失范；既有利于社会化的进程，也会弱化社会道德感的责任意识；既能激发创造潜力，也会导致一些同学人文精神的失落。所以有人说网络是把“双刃剑”，一点都不错。

如果你能掌控它，网络就像温顺的牛，乖乖为你服务；如果你沉迷于它，网络就像一个恶魔，毁灭你，吃掉你。

我还听到这样一起惨案。

有个叫小凡的女孩是歌星谢霆锋的“追星族”，她对谢霆锋的生日、星座、身高、体重等如数家珍。她知道他最喜欢的饰物是手链，所以，收集了几十条手链准备送给谢霆锋。她曾带上1000只纸鹤坐火车，怀着朝圣般的心理去香港找谢霆锋，在深圳罗湖口岸，因为没有合法手续，海关不让她出境。

回到家的小凡对谢霆锋的痴心依旧没有变。每个月，她都要定期把亲手叠的纸鹤和贺卡寄到香港去。她的房间里，贴满了谢霆锋的照片。晚上睡觉，她要听着他的歌，抱着他的照片才能入睡。她在日记中写道："谢霆锋，我要为你生一个孩子，这个世界上最爱你的人就是我！"

一天，小凡在网上发了帖子，寻找长相类似谢霆锋的男生，要跟他们做好的朋友。

一个网名叫"我爱谢霆锋"的男人说自己长得特别像谢霆锋，也会唱歌，曾在电视台的模仿秀中模仿过谢霆锋。小凡欣喜若狂，当照片发到她邮箱里时，她呆住了——"天啊，这简直就是谢霆锋的翻版！"她哪里知道，那个男人发过来的就是谢霆锋的照片，只不过稍微做了些处理而已。

那个男人说想买一把吉他，但自己是学生没有多少钱，小凡拿了父亲的银行卡，取出1万元，汇给了"我爱谢霆锋"。

不久，那个男人又说谢霆锋到广州演出，他要买飞机票去广州为小凡要一个签名。就这样，短短两个月，这个打着谢霆锋名义的人就从小凡手里要走了近4万元钱。

不久，小凡接到了那个男人的通知："你来北京吗？谢霆锋要来北京了！"

这次，她约上好友雨娜，向同学借了200元钱，毫不迟疑地坐上火车来到了北京。"我爱谢霆锋"让她们到海淀区一个旅馆见面。

敲门的那一刻，小凡激动万分。但万万没想到，开门的是一个40岁左右的中年男人。小凡问："请问谢霆锋在吗？"老男人嬉皮笑脸地说："傻瓜，我就是啊！"小凡的脑袋"嗡"地就大了，当她和雨娜转身要走的时候，哪还能脱身。屋里还有三个30岁左右的男人。小凡和雨娜被四个人一次次地轮奸，还不停地遭到殴打。

当她们终于被放出时，小凡下体一直流血不止，身上的手机和钱全被抢走，两个女孩近乎崩溃。两天后，当小凡的父母看到女儿时心都碎了。他们原来小公主般娇贵漂亮的女儿变得目光呆滞、衣衫褴褛。父亲心疼地把女儿紧紧地搂在怀里，而女儿大惊失色地嚷："不要碰我，不要碰我！"

小凡精神失常了！但从公安局传来的消息让她的父母大为失望，虽然抓了几个网络骗子，但始终没有找到那个“我爱谢霆锋”。

更让小凡的父母悲痛欲绝的是，50多天后，小凡竟然出现了妊娠反应，她怀孕了。在医院做完人流后，小凡彻底崩溃了。小凡的父母泪水长流，对于他们来说，女儿的未来在哪里？

三是，你是否网络成瘾？你是成功者还是失败者？有三种同学容易网络成瘾。

第一是学习失败的。由于家长、老师对孩子的期望过于单一，学习成绩的好坏成为孩子成就感的唯一来源，因此，一旦学习失败，就会产生很强的挫败感。但是在网上，他们很容易体验到成功：闯过任何一关，都可以得到“回报”，这种成就感是他们在现实生活中很难体验到的。

第二是学习特别好的。不少本来学习好的学生在升入更好的学校后，无法再保持原有的位置，这时，他们对“努力学习”的目的产生了怀疑。按照老师和父母的逻辑，学习是为了“上大学—找到好工作—挣钱”，当他们失去了为“名次”“位置”等学习的内在动力后，一些人开始迷恋网络。其实，造成这些孩子依赖网络的根本原因是没有正确的学习观。

第三是家庭关系不和谐的。通常在家里得不到温暖的孩子，他们在网络上提出任何一点小小的请求都会得到不少人的帮助。现实生活和虚拟社会在人文关怀方面的反差，很容易让“问题家庭”的孩子“躲”进网络。

怎样挽救那些网络成瘾的同学呢？这里我有三条建议。

第一，说出来。

沉迷网络的同学，内心世界常常极为苦闷，躲进网络与外面世界隔绝，这不是解决问题的办法。最好的办法是把心里话说出来，让父母知道，让老师知道，让同学知道。

一个小网迷写信给报社，吐露真言：

真要感谢网络！没有网络，也许我们更多的人会沦为罪犯或心理变态者。妈妈，我爱你，而我只能在网络上告诉您，您知道吗？我很孤独。我渴望心灵的交流，在我受伤的时候，在我渴望自由的时候……我丝毫没有感觉到您对我的爱。您是否知道？有时我恨您。我像个没有生命的木偶，我的一切言行都无法摆脱您为我铺设的轨道。作为一个生命，我背负着全家的希望，这个责任已经把我压垮了。

“小网迷”在分析了自己沉迷网络的原因之后说：“我坚信随着年龄的增长和心智的成熟，我会逐渐摆脱网络的吸引，请给我一些时间和信任，好吗？我始终认为沉迷网络并不可怕，可怕的是心灵的隔阂！”

这封信在报上刊登出来，许多父母读了十分震撼，他们找到了孩子迷恋网络的原因，知道与孩子的沟通是多么重要。所以，心里有话，一定要说出来让父母知道，这样他们才能有效地帮助你。

第二，走出去。

一批沉迷网络、学习失败而拒绝上学的中小学生，走进了石家庄市徐向洋训练基地。在这里，他们受到严格的体能训练，重新找回了自信。

一次我在石家庄接听“知心热线”时，听说有 30 名学员从石家庄徒步走到北京，沿途风餐露宿。在他们到北京时，在中少总社组织了隆重的欢迎仪式，会场上悬挂着巨大标语：“知心姐姐爱你！”

在我的想象中，这些孩子走了十几天，一个个肯定是筋疲力尽，脏得像泥猴，但出乎意料的是，30 多名身穿迷彩服的同学排着整齐的队伍，个个精神抖擞。

交谈中，一个 15 岁的少年告诉我，他的学习很失败，曾经在网吧玩了 15 天没回家，他几次想跳楼自杀，但来到训练基地，他第一次获得了成就感。一个小女孩说她乐意走路吃苦，我问她为什么，她说，走一步就有一步的成功。

假如你真的沉迷网络不能自拔，那劝你选择一项活动，走出网吧，走到大自然中去，也许你也能获得成就感。

第三，讲道德。

办法总比困难多。只要你想成为网络的主人，只要你想摆脱网瘾，成为一个自由的人，一个健康的人，一个快乐的人，那你就一定要遵守网络文明公约。

团中央、教育部、全国少工委等7个单位，曾发布了《全国青少年网络文明公约》，提出："要善于网上学习，不浏览不良信息；要诚实友好交流，不侮辱欺诈他人；要增强自护意识，不随便约会网友；要维护网络安全，不破坏网络秩序；要有益身心健康，不沉溺虚拟时空。"这些要求，都是上网时应该遵守的道德守则。

知心对话

时代需要网络高手设计，网络需要高超骑手驾驭。面对网络，你一定要头脑清醒，用网不恋网，清醒不痴迷。一个能把握自己行为的人，才能最终把握未来的命运。

面对吸烟——拒烟比戒烟重要

吸烟是害不是酷

"祝您致富踏上万宝路，事业登上红塔山，官运亨通中南海，财源遍布大中华。"过节期间，收到了这样一条短信，我憋不住乐了，作者够智慧的，居然把香烟牌子都写进了祝福语。可是，说起抽烟，就远不像祝福那样轻松愉悦了。我这里有一组惊人的数字：

据世界卫生组织估计，全世界大约有11亿人在吸烟，而其中近四成是中国人；以现在烟民发展状况来计算，到了2050年，中国的吸烟人数将达到4.3亿。这其中，20岁以下的青少年将有2亿人成为烟民，他们中至少有5000万人将最终死于和吸烟有关的疾病。

有一位记者调查了广东某市20多所中学的516个班级，发现学生中的吸烟情况很普遍，其中有吸烟现象的班级多达480个，少年烟民有1440名。每当下课铃一响，就会见到一些学生偷偷躲在学生宿舍、厕所或学校的其他偏僻角落，三五成群地凑在一起吞云吐雾。在这支吸烟大军中，男生占了绝大多数，但少数女生也表现疯狂。烟草，已经成为直接危害学生身心健康的“校园杀手”！

说真的，千万不能小看了抽烟的危害。北京市心脑血管医疗研究中心对北京70万人做了个监测，发现急性心肌梗死的发病原因中，吸烟占43.3%。而且吸烟越多，急性心肌梗死的威胁就越大。吸烟量每增加一倍，死亡的威胁就会增加4倍。不夸张地说，年轻的急性心肌梗死患者和冠心病猝死者，几乎都是重度吸烟者！有一个病例非常能说明问题：一个36岁的“老烟枪”，从13岁就开始吸烟，烟龄长达23年，还有18年的酒龄，12年的麻（麻将）龄和5年的赌龄。有一天，他突发心梗被送进医院。冠状动脉造影显示，他的3条血管都被堵塞了。全力抢救之后，病人脱离危险出院了。可是，两个月不到，他又被送了进来。原来，他控制不住自己又抽烟了。这回，他可没那么幸运了，脑血栓造成了半身不遂，只能长时间痛苦地躺在病床上了。

中国少年儿童新闻出版总社和联合国儿童基金会曾共同开展了“全国少年儿童禁烟宣传”调查。这项调查用了半年时间，共有20多万少年儿童参加。活动内容包括宣传禁烟的意义、开展禁烟调查、组织青少年禁烟重组会、征集禁烟宣传广告用语、开展禁烟征文和禁烟知识竞赛等，其中，最受孩子们欢迎的就是“网上禁烟论坛”。

论坛活动搞得红红火火，孩子们在网上你来我往，唇枪舌剑，帖子多得数不胜数。最后，得出的结论是：戒烟要从拒烟开始，拒烟要从知害开始。为此，小网民们总结了吸烟的六大罪状。

罪状之一：吸烟丧命！

19720503：烟为人们创造了很多利润，但也让好多人丧失了生命。也许可以这样说，有些人用自己的生命养活了另外一些人，不是吗？现在烟民的年龄越来越小，这值得我们担忧。

杏仁露露：吸烟人黑黑的肺，看着好恐怖哦！我想，吸烟人真的应该戒戒嘴了。

工程专家：我们部里有三位老局长，都以“吸烟有理”之类的种种借口拒绝亲友们的劝诫，结果后来都被诊断出患上了肺癌。手术、放疗、化疗……备受折磨。唉！最终也没能逃过鬼门关……

罪状之二：吸烟愚昧！

烟枪自白书：我经常在学校附近看到很多男生吸烟，从拿烟的手势到吸烟的技巧来看，肯定都是“老烟枪”了。可是，为什么要吸烟呢？是不是觉得这样很酷？这里有男生吗，你们怎么看？女孩子的看法呢？

情系绵绵：哼！酷什么酷。内裤的“裤”还差不多。

王芙蓉：我认为这是成熟得有些过分了，反正我不喜欢不健康的男生。

锡容：呵呵，吸烟有一个最大的坏处——满嘴烟味，臭烘烘的。和女孩子打 kiss，非遭“扁”不可！

昕蕾：不管男生还是女生，都以为吸烟很“酷”，其实很老土、很没文化。不知道好坏就去吸烟，评价这种人只有一个字——傻！知道有害还去吸烟——蠢！

美籍华人臧英年：“酷”是英文单词 cool 的音译，原意是指冷静、沉着、时髦、英俊、灵巧……大多是赞美之意。用在这里就不合适了。所以，昕蕾说得很到位，吸烟的确是一种失误和不明智的举动。

罪状之三：吸烟上瘾！

赫哲卓伦：我发现，自己现在一点都不讨厌烟味了。而且，闻到别人吸烟的时候我还觉得很香呢，真想也弄根来试试……请大家告诉我，我该怎么办呀？

初一女孩：完了！你已经开始有“心瘾”了。

事了拂衣去：晕，有瘾你就死定了！哈哈哈，又一个傻帽烟民即将诞生。

梦：天啊！你最好还是赶快去戒烟所吧。

赫哲卓伦：好像没那么严重吧？再说了，我又不是真的想成为烟民，只是看别人吸得特带劲，所以也想试一试。我听说，女生吸烟将来更难戒。我可没那么傻，也没那份闲钱去烧着玩。如果发现我吸烟，我爹妈准会“抓狂”的，到那时，小命难保哇！

臧英年：幸好你现在还没有行动，只是心动，只有“心瘾”。“心瘾”要用心来克制。俗语说：“运用之妙，存乎一心。”我们每个人的行动都受自己心理的主宰，事情想做不想做，香烟想吸不想吸，都在一念之间。面对香烟，抽还是不抽？正是一个人的理智和情绪在激烈交火。想吸烟是情绪当家，不吸烟是理智挂帅，一切行动都取决于个人的选择和判断。

罪状之四：吸烟失友！

旭川花奴：我很不喜欢你吸烟的样子，你把烟圈吐在我的脸上时，我真想给你一巴掌。你就不能不吸烟吗？你的声音好难听，我都不想和你出门了。小时候不是说什么都听我的吗？为什么现在烟比我更重要？爱我就得离开烟，不能一脚踏两船！

臧英年：我在西雅图生活的时候，遇到过这样一件事：有一位舞技高超的老先生常和一位妙龄女士跳交谊舞。一天，女士突然委婉地对他提出：“谢谢您一直以来带我学舞。现在，我的舞步已经纯熟了，今后就不再和你共舞了。”教得认真，学得也快，配合更是日渐熟练，怎么说散伙就散伙了呢？老先生百思不得其解，再三追问。最后，女士才说明原因：“您一身烟味，真的可怕之至。开始时，我为了学舞，只好忍耐。如今，我真的不愿再受这份罪了！”老先生大梦初醒，一横心，真的把烟瘾戒掉了。

罪状之五：吸烟害人！

宫幽轻缕：小时候，我就知道，爸爸是个很会吸烟的家伙，一天两包，真是够厉害！伴着烟丝，伴着蓝烟，伴着爸爸的口头禅：“睡前一根烟，赛过活神仙；晨起一根烟，活到九十九……”我慢慢成长着。从小，我就时常咽喉肿痛、发炎，那时还不大清楚原因。每天呛着淡蓝的烟雾，爸爸的咳嗽声也是时常入耳……烟，我真的很恨你！

Dunhill Zippo：我是一个职高男生，也是一个不折不扣的“老烟枪”，看我网名就知道了。最近，我时常感到胸闷气短，浑身乏力，晚上常常咳嗽睡不好觉，吐出的痰里都带着血丝……我真的好担心。可是，我又不敢跟爸爸妈妈讲，更不敢去医院，我真的好害怕啊！

鼠鼠爱大米：怕不是办法，有状况就要尽早检查，确定原因。即使真的有了问题，改正错误，积极接受治疗，相信还来得及。像你这样，怕这怕那，遮遮掩掩，医生都该下岗了。

罪状之六：吸烟犯罪！

法官妈妈尚秀云：不是说吸烟就会学坏，但是，坏孩子大部分都爱吸烟。青少年吸烟，极容易被坏人拉下水。在我处理的少年犯罪案例中，百分之九十的孩子都抽烟。

Bye：我好怕！我可不想成为少年犯。我发誓，以后再也不碰那东西了。

你们看，通过这些论坛帖子可以看出，大家对青少年吸烟都是不赞成的。可是，明知道吸烟有害，为什么还有那么多的同学冒险尝试呢？

一个网名叫做"宋昱朴是天才"的孩子登录论坛后，发表了一篇题为《中学生为什么吸烟呢？》的帖子：

据我调查，在中学里，有许多学生都吸烟！可再去看小学，哇，没有一点烟味。这是为什么呢？

原来，许多中学生都是因为这些原因才吸烟的。

1. 耍浪，为了让自己"浪迹天涯"。

2. 赌气，生气了，吸烟解闷。

3. 觉得稀奇，好玩，结果一沾就上了瘾。

4. 模仿别人，觉得特"派"。

吸烟显然会严重影响中学生的学习。还是让我们把烟扔了吧！这样一来，不会影响健康，不会影响学习。快，扔掉烟！

他说得很对。我认为，中学生吸烟主要是因为心理方面的原因。他们虽然比小学生成熟，但毕竟未成年，接受力强，可塑性也很强，所以非常容易受到不良信息的影响。当今社会中，电视、电影等音像制品中出现吸烟镜头的频率非常高。据统计，韩国明星安在旭在MBC电视剧《妈妈呀，姐姐呀》中有356个吸烟镜头；刘德华在KBS电视连续剧《承诺》中出现了355次吸烟场面；金炳世在SBS电视连续剧《饶恕》中318次叼着香烟；而国产的影视作品中，更是好人坏人个个烟不离手，烦闷时抽，开心时抽，痛苦时抽，激动时更是抽起来没完没了……潜移默化中，再加上模仿心理的作用，一些同学很容易把看到的东西当作自己日常行为的标准。

具体来说，我认为，导致中小学生吸烟主要有以下六种心理因素。

第一，追求派头和成人感的心理。少年时期是自我意识迅猛增强的时期，从少年时代开始，许多学生就感觉自己是个“大人”了。这种强烈的成人感和独立感，促使他们把吸烟当做成熟的标志。

第二，对科学宣传的怀疑心理。“吸烟有百害而无一利。”这几乎是地球人都知道的一句话。但是，有些青少年不以为然：“身边有那么多人都在抽烟，不是也活得挺好的吗？也没见谁抽烟就抽死了！”在这种心理的支配下，一些孩子便不加防范地成了“小烟民”。

第三，从众心理。周围人都会抽烟，自己要是不会抽，那不是太落伍、太老土了吗？于是，从接受到认可，最终习惯了这种不良的嗜好。

第四，消遣心理。“好玩”“像个神仙”“没白活一场”等诸多心理，使他们对香烟倍加青睐。

第五，青春期的模仿心理。影视剧中频现的吸烟镜头，是青少年吸烟率居高不下的一个重要原因。

第六，寻求心理寄托。与日俱增的成长压力、学习压力、竞争压力，以及和父母间的隔阂冲突，使得青少年的心理支撑点逐渐变得脆弱，渴望寻求新的精神寄托。学习成绩不理想、和同学关系不和谐、家里父母吵架或者被父母责骂以后，因为心情苦闷烦躁，希望借吸烟消解烦愁，也是一些青少年吸烟的客观原因。

如果你已经学会了吸烟，甚至已经习惯了吸烟，或者你周围的同学、朋友正在吸烟，你会怎样（规劝他们）戒烟呢？

杏仁露露：把吸烟的坏处一一写在纸上，随身携带，不断提醒自己。公开宣布戒烟决定，并征求亲友、同学的支持，请他们监督和鼓励自己。移开容易引起吸烟欲望的物品。例如：烟灰缸、打火机等。避开容易产生吸烟欲望的场所。例如：饭馆、游戏机房和网吧等。手指间想夹根东西的时候，你就夹根笔吧；嘴里想咬点东西的时候，不妨嚼嚼胡萝卜吧。多喝水、多洗澡，饭后坚持刷牙漱口，勤换无烟味的干净衣服。戒烟的第一个星期要多喝水，手边最好多准备一些低热量的零食，以便随时塞进想吸烟的嘴巴。饭后不要闲坐，可以到户外散步，做深呼吸或活动一下筋骨。对香烟依赖性较大的话，你可以参加戒烟班或戒烟门诊，争取在戒烟过程中获得更多的支持和协助。

Happy 女孩：嚼嚼口香糖也可以帮助戒烟。我有一个同学的老爸就是用这种方法戒烟的。

Zw：其实最好的办法就是，世界上的每个人都不吸烟，让香烟彻底消失吧。

不管你们会怎么做，总之我要奉劝一句：要想真正戒烟，就必须从控制吸烟的心理做起，彻底扭转观念才行，戒烟应该从“心”开始！

知心对话

面对吸烟，如果是你自己，你就要有勇气，有毅力。你要勇敢地对人们说：“染上烟瘾，就要自己戒除。请相信，我能行！”

面对吸烟，如果是你的朋友，你更有责任帮助他。你可以私下里好言相劝，帮他戒烟。还可以大声地告诉他：“你有困难吗？我来帮助你！”

面对叛逆——冷静比冲动重要

经历叛逆年代

“‘酷’的真正定义，是‘做自己想做的！’而自己想做的，常常是家长、老师不要我们做的。越是不要我们做的，我们越要做。我们进入了叛逆年代！”

叛逆，是青春期少年最大的心理特点。但也正是这种强烈的叛逆心理使许多青春期的少年陷入深深的痛苦之中。

你要自由，要摆脱成人的束缚，但处处碰壁；

你要独立，要自己决定自己的事，但屡遭反对；

你要飞翔，要去寻找属于自己的世界，但又缺少勇气；

你困惑多多：为什么这个世界总和我作对？

许多同学向“知心姐姐”倾诉了自己的种种烦恼，都认为，世界上最倒霉的是自己，最不幸的是自己，最不被理解的还是自己。

中学生王行楷，原本是个学习不错的男生，进入青春期后，和父母发生了严重的冲突。一次，他和女同学通电话，妈妈说他“学习不行，就打电话行”。爸爸还打了他，一气之下他离家出走了，在汽车站住了两个晚上。从此，他和父母之间的冲突到了不可调和的地步。他的父母打电话，向我求救：

“孩子像变了一个人，狂躁、脾气大，甚至有点蛮横无理，有时还狂吼‘谁也甭想管我！’谁一说他，他就跟谁吵，眼珠子瞪得老大。我们俩特伤心。现在他不和我们说话了，搬去他姨家住了。您说他怎么突然间变化这么大呢？”

我们把王行楷请到北京电视台《知心家庭·谁在说》栏目的演播室。节目录制中，播放了上面一段对他父母的采访。

王行楷看了后说：“大家看看我的眼睛，有可能瞪成那样吗？”场上的人笑了。看上去行楷的眼睛真的很小。“我跟我爸我妈根本就无法沟通。他们烦我，我也烦他们，我不想跟他们在一块儿，每天放学都在学校耗到六七点钟才回家。”行楷越说越委屈，“其实我现在也快17岁了，我爸我妈还经常打我，原先我爸打我，说是为了吓唬我，现在呢，他说过不把我当小孩子。现在我们俩是成年人对成年人。”

“你爸打你，你还手了吗？”我问他。

“我是他的孩子，他生了我，养了我，我不可能还手。但是我觉得，有些事情他没法理解我，我也没法理解他。”

我怔了一下，笑笑：“你还有良心！办法总会有的，关键看你想不想与父母沟通。”

“你觉得你的爸爸妈妈还爱你吗？”

“差不多吧！”行楷低着头回答。

“你想了解你的父母吗？”

“想。”

“回忆回忆小时候，好吗？”主持人向平笑着说。

大屏幕上，出现了记者采访行楷父母亲的镜头。

“孩子刚出生时，谁给他起的这个名字？”

“是他大舅起的。”

“为什么叫王行楷呢？”

“有两种理解，一种是形容像楷书一样潇洒，一种是行动的楷模。”行楷的父亲自豪地说。看来他对儿子满怀希望。

“行楷上小学五年级之前，开家长会，我特爱去。往那儿一坐，老师就说：‘全班我最喜欢的孩子就是王行楷。’即使只表扬两个人也肯定有他。所有的老师对他的印象都相当不错。每次我都想，哎哟，瞧瞧我的儿子多棒啊！”讲这番话时，父亲眼里含着泪水，“那时他也听话，跟现在没法比。”

说起儿子棒的地方，父亲如数家珍：“下象棋我下不过他，转呼啦圈小女孩也没他摇得好。”

谈起儿子搬出去后的感觉，父亲显得很痛苦：“我们都觉得屋里过分冷清，家里甭管有什么事，都会想起他，比如今天炒菜了，他妈就会说，孩子最爱吃这个；去商场看中一件衣服，就会想，儿子穿着肯定合适……”

“您是不是特想儿子？”

“是呀，有时他放学该回来没回来时，我就坐立不安。有时进院子一瞧灯亮了，知道儿子在屋里，心里就踏实了；一瞧灯没亮，知道儿子不在，着急也闹心。可儿子要是真进了屋，我这火又噌一下子上来了。我跟老师说，我就怕学校给我打电话，交通队给我打电话我都不害怕，顶多是让车撞死了。可没想到老师把这话跟孩子说了，这是气话，哪是真话呀！”父亲说着说着流下了眼泪。

“您想在电视机前和儿子说句话吗？”主持人问。

这位执拗的父亲竟对着镜头，一字一句地倾诉了真情：“行楷，过去我们可能在言谈举止中对你有些伤害，今天我在这里说声‘对不起’，希望咱们今后能够互相理解，互相原谅，这家是咱们三个人的家。”

场上静静的，行楷和场上的观众一起在看大屏幕，听爸爸说话。可他怎么也没想到倔强的父母会说出这样柔情的话，他更没想到，父母会亲自来到现场。分别一个月的父母与儿子在演播现场相见了。行楷十分意外，但他没有去和父母拥抱，也没说一句道歉的话，可是看得出他的态度开始缓和了。

节目结束前，我谈了自己的看法：“今天我很激动，爸爸妈妈把话说出来了，儿子也讲了真心话。什么叫沟通呢？沟通就是把话说出来。我想先对行楷的父母说，不要太在乎孩子。你们和所有的父母一样，把孩子一点一滴的成长都记在心中了，但是当孩子长大的时候，他需要一个自由的空间，如果你们还像小时候那样待他，呵护他，很在乎他，他就会觉得不自由，就会觉得难受。”

我接着又对王行楷说：“作为一个男孩子，你不愿意表露自己内心的东西，对于父母，你内心是在乎的，但你表达出来的是不在乎。父母可以忘记他们在你成长中的付出，但你应该记得并在乎，人都是有良心的。一只小猫或小狗长大后走丢了，它们的主人都会非常着急，更何况是一个人呢！孩子是父母辛辛苦苦养大的，你一定要在乎父母的爱和付出，我相信你能做到。”

我理解和行楷一样处在青春期的同学，你们今天要长大，要自由，要独立，应不应该？应该。但是如果你缺少两个字，就可能是盲目的，这两个字就是“思考”。青春期需要的就是思考。

毕业于哈佛大学的刘轩，也和你们一样经历过“叛逆年代”！如果你看了他写的《叛逆年代》这本书，你会发现不论是中国少年还是美国少年，不论是普通大学还是名牌大学，蓝天下的少年，虽有着不同的生活环境，但有着一样的烦恼，经历着一样的叛逆年代。

这就是成长的规律。叛逆期，是成长中的少年不可回避的时期。

有所不同的是，同样处于叛逆年代，有的人奋起，有的人沉沦；有的人能把握自己，有的人却放纵自己；有的人正在思考，有的人仍在迷茫之中。

刘轩能顺利地度过青春期，度过叛逆年代，是因为他在闯荡世界、寻找自己时，头脑是清醒的，他能够用自己的眼睛观察世界，用自己的大脑思考世界，用自己的语言表述世界，于是找到了真正的自我，找到了自己在这个灿烂星空中的位置，找到了自己对世界的一份责任。

思考是金。"叛逆"并不可怕，可怕的是不会思考。刘轩同样面对青春期少年常常遇到的对异性的爱恋、性的冲动、毒品的诱惑、与父母的冲突，但他也思考了其中的利与弊。

如果你清醒地经历，经历便成为一种财富；如果你盲目地经历，经历往往成为一种悔恨。

我劝那些困惑的少年们去读一读刘轩那本《叛逆年代》。

当然，我也希望父母们能读读这本书，学会让孩子自己寻找自己。正像刘轩的爸爸刘墉所说的："我们做父母、师长的，常忘记自己的孩子和学生已经长大，大到不再需要我们呵斥与监督。他们不再喜欢我们带着走，而要自己走。他们要寻找自己！"

知心对话

面对叛逆，你要冷静思考，绝不要为了一时痛快而伤害别人，损坏自己的形象。

该表现时就表现，该克制时就克制，对于各种矛盾冲突，勇敢去面对，勇敢去经历，任何经历都是人生的财富。

大胆地去寻找自己，找到的，才是真的自己。

面对世界——祖国比什么都重要

我就是中国

“你热爱祖国吗？”

听我这样问，你一定会特不屑地说：“您这话问得也太没水平了，谁不热爱自己的祖国呀。”可是，热爱祖国，你又是怎样做的呢？

1990 年 5 月，北京市中学生梁帆赴荷兰参加国际少年儿童联盟活动。当她和其他国家的少年儿童一道兴致勃勃地来到会场时，却发现会场四周悬挂着参加这次活动的各个国家的国旗，唯独不见五星红旗。

梁帆顿时如同丢失了一件最珍贵的东西，高兴劲儿一下子全没了。她立即向会议主办方提出抗议：“为什么这里没有悬挂中国的国旗？我是代表中华人民共和国的少年儿童来参加活动的，我就代表中国。有我参加，就应该有五星红旗。”

会议主办方负责人歉意地对梁帆解释说，由于时间仓促，一时找不到中国国旗，所以没有挂。但他保证将尽快解决好这件事。梁帆对这种解释并不满意，于是拒绝拍摄缺少五星红旗作为背景的活动照片。后来，大会主办方终于找到了一面五星红旗，并把它挂在了会场上。梁帆这才面带笑容，愉快地参加了大会的活动。

你看，梁帆，一个年仅 15 岁的中国女孩，身处异国他乡，却时刻牢记自己是祖国的孩子，处处维护祖国的尊严，维护国旗的尊严。她心中非常明确地知道，在全世界面前，我来自中国，我就代表了中国！

还有一名中国学生同样为祖国争了光。她就是我曾经提到过的上海复旦附中的学生汤玫捷，2005 年国内唯一一个被美国哈佛大学提前录取的中国学生。在这以前，她曾作为交流学生在大洋彼岸的美国留学近 10 个月。通过那段时间的生活和学习，她深切地感受到：在国外，一个人所有的行为举止都会变得异常重要，因为，外国人会把你的一举一动都和你的祖国——中国联系在一起。

汤玫捷告诉我：“我刚到美国的时候，由于在我前面来的学生都不爱讲话，美国人就说了：‘中国人不爱说话。’看到我不喜欢吃甜食，他们又会说出一句貌似大悟的话来：‘原来中国人都不喜欢吃甜食。’等到发现我爱吃胡萝卜，他们更会到处宣传说：‘中国人就爱吃胡萝卜。’天啊，好像我们中国人都是兔子似的！所以我认为，在和平年代全球化的背景下，最朴实的爱国行动，就是如何做好你自己。通过你的日常行为反映好你的国家，甚至是在选择吃什么的时候也要琢磨一下。”

“我的一举一动，就代表了中国。”正是这一崇高的责任感，一直激励着身处海外的汤玫捷。

刚加入美国中学的篮球队时，汤玫捷的第一次热身跑步就是 1600 米山地长跑。要知道，在国内的时候，她顶多也就跑过 800 米（而且经常还会耍耍赖皮，偷个小懒）。这次听说居然要跑 1600 米，整个人差点晕过去，觉得自己肯定会“晕菜”。但是，在出发之前，她下定决心：什么都别说，好歹也要坚持跑下来。不然，再给中国人扣上一个“不能跑步”的“罪名”，那后果才是真的很严重！就这样，她没有给自己留后路，一直跑了下来……

“世界上有一种力量叫耐力。但是，更有一种东西叫作鬼使神差。我就是这样鬼使神差地完成了树立中国人形象的第一次‘热身’。”汤玫捷打趣着回忆说。

我认为，这根本不是什么“鬼使神差”，而是一种“我就是代表了中国”的坚定信念。正是凭借着这种信念，汤玫捷浑身充满了一种无比巨大的支持力量，使她在美国人最自豪的运动场上，充分展示了一个中国女孩优秀的品质和才能。

在美国，体育不仅仅代表一种运动，人们更多地把它看作是一种社交活动，甚至是一种精神的最好表现。所以，体育运动在整个中学教育中更是显得非常重要，学校将团队精神、爱国主义教育都融入了其中，这是汤玫捷赴美后的一个重要感悟。球类联赛前升国旗是常有的事，不分种族、不分国籍，当你参加了一个球队，就意味着一种联盟……体育，已经变成了美国文化的一部分。在国内几乎坚持不下 800 米赛跑的汤玫捷，却凭着一颗爱国心、一种使命感，竟然在一次美国中学生的比赛中跑完了 1600 米，还抢得了第四名的好成绩！

在来到美国之前，汤玫捷几乎就没听说过“曲棍球”这项运动。可是有一天，当她在运动场上散步的时候，学校的曲棍球队队长跑了过来，对她说：“我们要招收新队员了。中国女孩，加入我们吧！”汤玫捷看到这项运动特别好玩，于是很快就申请加入了。才训练学习了四天，就正好赶上一场校外比赛。作为一名新队员，汤玫捷只能坐在替补席上，看着队友们比赛。当比赛很快就要结束时，替补板凳也坐得有些发烫了，只听队长大声喊着：“中国女孩，替补上场！”谁知出乎全场观众的意料，汤玫捷一上场，就打进了关键的一个球！这一球，让全场的美国人都兴奋了！队友们激动地跑上来搂住她又跳又叫。汤玫捷的心里更是非常激动和自豪，因为她耳中听到，美国学生们喊的是：“中国人进球了！”那一刻，她真正地感到：“中国人了不起！中国人同样拥有顽强、自信的体育精神。代表祖国的感觉真的非常神圣。”

“当时，你的那个球是怎么打进去的呢？”我好奇地问。

“老实告诉您吧，其实我那时还不会传球呢！所以一接球我就想，与其乱打乱传，被对手截了去，倒不如自己和她们拼了。结果一路带球向前猛冲，居然被我冲到了对方的球门前。看着对方的门将杵在那里，心情就不爽，一挥杆，球便飞了出去……可做梦也没想到，这个球居然进了！哈哈，进球之后，真的开心极了，我还没忘做了个‘V’字的手势。我的美国队友们一拥而上，搂住我又喊又叫，又哭又笑，每个人都非常兴奋。校长更是激动不已，居然专门给中国大使馆打电话报喜。中国女孩汤玫捷一战成名，从此就在美国中学校园里出了名。”

“体育就有这样的魅力，打开了国门，也打开了你自己成长的大门。”汤玫捷讲述的故事，让我得出了这样的结论。

“您说得太对了！”汤玫捷赞同地说，“据说在中美建交初期，有两样东西让美国人认识了中国：第一是熊猫，第二是乒乓球。可我认为，这两样东西其实都是美国文化中最主要的代表，熊猫代表了人的个性和魅力，球则代表了顽强的体育精神。”想了想，她又接着介绍说：“我发现，美国的爱国主义教育基地都建立在球场上，球队赛前要升国旗，球队都有自己的队旗，每个球员更要为团队的胜利而拼搏。这样的团队教育，并没有老师参加，也不用专门召开班队会。球队队长会负责任地告诉你：‘为了球队的胜利，你必须热爱队友，团结队友。’这样一来，就潜移默化地把一种爱国的思想融入了你的心灵。是啊，如果一个人不爱队友，又怎么会热爱球队；如果不热爱球队，就肯定不会热爱自己的祖国。”

的确，热爱祖国的人心中总会涌动着一股强大的力量，这种力量就是自信。汤玫捷被发现，被接受，正源于她的爱国的这份自信。

在华盛顿举行的一次经济论坛上，汤玫捷被邀请旁听。论坛的演讲者基本上都是耶鲁大学的资深教授，谈中国问题的专家也是一个外国人，不巧的是，那天他没能到场。汤玫捷看到了这个缺席的座位，大胆地认为，自己作为一个地地道道“中国制造”的孩子，并且又在美国作了交流学习，应该具有这方面的发言权；再加上自己对中国经济研究问题的细心调查，以及取得的一些小的学术成果，于是她勇敢地向论坛主办方提出：“我能完成这次关于中国问题的演讲。我对新鲜事物比较感兴趣，我能否申请发言？”她的申请被当场批准，她的演讲更是取得了极大的成功！也正是这一刻，美国人的目光锁定了这位中国女孩。

你要是问我：什么最重要？我的回答是：祖国最重要！

你要是问我：怎样做才是爱国？我的回答是：爱国就像爱生命！热爱祖国，就要珍惜祖国的荣誉，维护祖国的尊严，谨慎规范自己的言谈举止。因为在世界面前，你就代表了祖国！

知心对话

世界有多大，中国的机会就有多大。

机会有多大，少年的天地就有多大。

面对世界，我相信每一个孩子都会自豪地说：“我能行！”